廉永清◎主编

U0599770

外星人
未解之谜

黑龙江科学技术出版社

图书在版编目(CIP)数据

外星人未解之谜 / 廉永清主编. ——哈尔滨 ：黑龙江科学
技术出版社，2011.12（2017.5 重印）
（中学生百科探秘）
ISBN 978－7－5388－6964－4

Ⅰ. ①外… Ⅱ. ①廉… Ⅲ. ①外星人－青少年读物
Ⅳ. ①Q693－49

中国版本图书馆 CIP 数据核字(2017)第 102626 号

外星人未解之谜
WAIXINGREN WEIJIE ZHIMI

作　　者	廉永清	
责任编辑	刘　野	
封面设计	红十月设计室	
出　　版	黑龙江科学技术出版社	
	地址:哈尔滨市南岗区建设街 41 号　　邮编:150001	
	电话:(0451)53642106　　传真:(0451)53642143	
	网址:www.lkcbs.cn www.lkpub.cn	
发　　行	全国新华书店	
印　　刷	北京龙跃印务有限公司	
开　　本	710×1000　1/16	
印　　张	15	
字　　数	140 千字	
版　　次	2012 年 3 月第 1 版	
印　　次	2017 年 5 月第 2 次印刷	
书　　号	ISBN 978－7－5388－6964－4	
定　　价	45.00 元	

前言 Qianyan..............

在浩渺广阔的宇宙中，地球就像沙粒般渺小。自古以来，人们就发出了寻找宇宙生命的呼唤。外星球有没有真正的类似于人的生命存在，至今仍然是一个未解之谜。这个谜题本身包含了很多的推测和猜想。但是不可否认的是，世界上仍然有一些无法用人类掌握的知识解释的事情，人们有时只能把它归结于外界"神秘力量"的操控和干预。

自从1541年，哥白尼发表"日心说"以来，人们逐渐意识到浩瀚的宇宙不只地球一个存在，地球只是围绕太阳旋转的一颗小行星而已，这让人们开始把眼光从地球上移开，投向了广阔的银河系。而不同星系的发现，让人们又再次将目光投向到广袤无垠的宇宙。

现在已发现，银河系中有两千亿个类似于太阳的兄弟姐妹，而科学家们已经找到了一百五十个恒星有行星环绕。既然地球只是作为一个星系的一个行星存在着，可以孕育人类这样的智慧生命，那么在浩瀚的宇宙中，是否还有与地球条件类似的星球存在呢？如果有的话，那么它也有可能存在生命，这一大胆的猜想和推测让很多人都持赞同观点，也让人们把曾经发生在身边的奇怪现象逐步地联系起来。

而爱因斯坦相对论的提出，为人们进一步探索宇宙的生命提供了更确切的依据。相对论是一定的时间和空间内发生的物理变化的理论。它认为现实的存在是以距离和时间为变化而改变的。也就是说，运动是在一定的时间内以一定参照物所经历的距离轨迹。现有的现象都是在人们习惯思维下的距离和时间的相互作用下完成的。但是如果物体能以超过现有的人们习惯思维下的速度运行，那么人就可以在瞬间到达自己想要去的地方。甚至，如果人能够掌握事物运行的速度，那么人就可以选择自己所要去往的时间。这一切看似非常玄妙，但是的确

3

是有理论依据的，在未来未必不可能变为现实。

虽然人类目前还不能做到这一点，但是不能排除外星球有比人类文明更发达的智慧生命已经可以做到。他们可以以超过正常光速的速度运动，可以抵达他们想去的任何地方。所以，自古以来，人们关于"不明飞行物"和外星来客的现象和报道不绝于耳。如果这些智慧生命能够到达地球，那么他们必定掌握着比地球人更先进的科技手段和更为发达的文明，所以人类无法捕捉到他们。即使有人声称看到过奇怪的现象和事物，我们也无法肯定他就是外星来客。

人类的行为大多从想象开始。很多事实证明，人类曾经的想象都可以变成现实。尤其是第二次工业革命以来，科技的进步为想象变成现实提供了充分的可能。从留声机到电影放映机，从火车、飞机再到宇宙飞船，曾经人们认为不可能的事情都一一变成了现实。这不由得使人们对宇宙做出大胆的想象。想象有一天我们人类能和宇宙间的生命任意往来，想象有一天我们能够驾着宇宙飞船到宇宙中任意一个星球去拜访……这些想象被人们以影视作品和文学的形式加以展现。

因此，长久以来，关于外星人，形成了两种观点。一种是相信的确有外星球的生命存在，它是比人类更高级的生命形式，他们观察和控制着地球的一切，但是地球人类却无法发现他们；另一种则认为许多关于外星人的报道和传闻完全是人的主观捏造和幻想，根本就没有外星人这回事。究竟孰是孰非，就要等待科学家们进一步去探索和解决了。

本书将人类探索外星球生命的过程和所发生的现象择其精要进行陈述，为众多的读者解答心中的谜团提供一定的依据和参考。

编　者

2009 年 1 月于北京

目录
Contents...............

外星人真的存在吗

外星人长什么样

"外星人"在地球制造的"劫持"事件

火星上真的有生命存在吗

目录

外星人遗留的物体和信息

外星人和地球神秘现象有关吗

外星人真的存在吗

看到"外星人"这样的字眼，我们大多数人脑际闪过的一个念头就是：真的有外星人存在吗？这也是一直困扰众多科学家的问题。说它存在，是因为从理论推理上它是成立的。宇宙何其之大，行星何其之多？既然地球这样的行星能够存在人类这样的复杂智慧生命，为什么其他星球不行呢？说它不存在，是因为到目前为止，现实中还没有一例确凿的证据能够证明一切都只是人们的推断和猜想。是有是无，众说纷纭，就让我们在各种争论和实例面前自己寻找一个合理的答案吧！

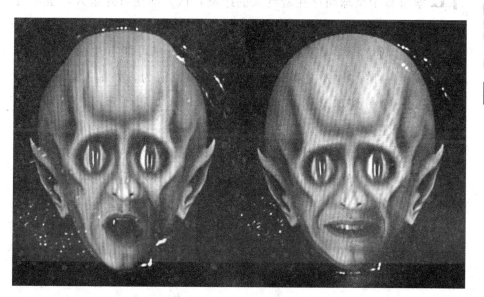

外星生物的存在之谜

> 要确知外星人是否存在，必须首先要确定外星生命存在，而外星生命的存在是有一定条件的，必须有水、阳光和空气，缺少了这些，任何生命都不可能存活。遗憾的是，在人类所知的范围内，到目前为止还没有找到一颗具备这样条件的宇宙星体。或许它存在，但只是在某个宇宙的角落默默运转？

在对宇宙的探索中，对外星人的探索最能激起人们的兴趣。虽然科学家鉴于星球间存在着巨大的距离，认为即使有外星人，也不可能飞抵地球，但他们并未否定外太空存在智慧生命的可能。

最近有两位科学家发现太阳系外有两颗行星可能有生命存在的条件，更激起一阵"地外文明"热。一些科学家认为，外星人肯定存在，但要找到一个像地球这样有生命存在的星球，是很不容易的。有行星不一定就有生命，有生命不一定就有高等生命，它要求行星到母恒星的位置必须恰到好处。根据这样的条件，在银河系中，大约只能有一百万颗行星才有可能。而在这一百万颗之中，还必须有形成生命的一系列条件，包括水、氧气和各种化学元素。而假如那些行星的外星人，已有高度发达的文明，且其具有向高空发送无线电信号的历史比地球早得多，那么算下来，有可能做到的星球只有二百五十颗，若它们均匀地分布在银河系中的话，离我们最近的也有 4600 光年。而宇宙中，像银河系这样的河外星系，就有十亿个。

　　人类为了与可能存在的外星生物进行联系，迄今为止，已进行了五十个搜寻外太空电波讯号的计划，虽均以失败告终，但人类寻找外星文明的另一种方式，即利用人造宇航器对外太空进行直接探测的努力，仍在进行之中。1966年，当时的联合国秘书长吴丹曾让UFO研究者冯·凯维茨基研究如何才能把UFO列入联合国的议事日程。1978年，联合国第三十三届大会第一委员会通过了格林纳达政府提出的商议草案，建议各成员国协调包括UFO在内的外星生命的科学研究和调整。1979年，联合国第四十三届大会通过把UFO作为世界性课题进行研究的提案，在第四十七次会议纲要中指出："对涉及到整个人类的UFO的研究，应当是人类为解决世界的社会、经济、政治等问题所作出的努力的一部分。"1977年讨论UFO的第一届国际大会在墨西哥召开。1983年第二届UFO代表大会在巴西举行。

　　1972年和1973年美国先后发射了"先驱"10号和11号、"旅行

美丽的行星

者"1号和2号宇宙飞船，探寻遥远的外太空。"先驱者"10号和11号各带有一封"写"在镀金盘上的问候信。"旅行者"1号和2号各携带了一张直径30.5cm名为"地球之音"的镀金唱片，并有放音设备，上面录有60种语言的问候语、113幅描绘地球风土人情的编码图片（其中一张有万里长城）、35种地球自然音响、27种世界名曲。"旅行者"宇宙飞船携带的"地球之音"还有美国总统卡特签署的给宇宙人的一份电文："这是一个来自遥远的小小星球的礼物。它是我们的声音、科学、形象、音乐、思想和感情的缩影。我们正在努力使我们的时代幸存下来，使你们能了解我们生活的情况。我们期望有朝一日解决我们面临的问题，以便加入到银河系的文明大家庭。这个"地球之音"是为了在这个辽阔而令人敬畏的宇宙中寄予我们的希望、我们的决心和我们对遥远世界的良好祝愿。"

旅行者1号、2号的飞行速度约为每年五亿公里，如一切顺利的话，在2015年之前仍会把有关宇宙的资料送回地球。之后，它们便会因电力用尽而关闭所有的仪器，但仍旧默默地向着太阳系外的太空深处飞去。最后的希望来自于对未知的期待。如果旅行者1号、2号碰到具有智慧的外星人，或许他们能够明白：在遥远的一颗恒星旁围绕着九颗大行星，从中心数起第三颗，上有许多寂寞的智慧生命，他们衷心希望能在浩瀚的太空中找到一些"宇宙亲属"。

一些人则热心于寻找外星人在古代留下的痕迹。他们认为撒哈拉沙漠壁画上人物的圆形面具、复活节岛和南美的巨石建筑以及金字塔等种种无法解释的史前奇迹都与外星人有关。还有的学者提出人类是外星人的后裔，或人类中一些民族（如玛雅人）是外星人与地球人交配的后裔等种种观点。但这些也只能作为猜测和假说，其中大多数仍缺少足够的证据。

美国康奈尔大学的著名天文学家卡尔·萨根曾指出，在整个银河系中差不多有两千亿颗恒星，这些恒星中有相当一部分带有行星。在这些行星中，与地球环境近似的，估计可能多达一百万颗。既然生命能够在地球上产生和演化，那也就可能同样在这些行星上产生和演化，并发展出智慧生物。而其中必定有一部分，要比现在的人类文明更为先进。因此，这些天文学家认为，在地球以外的别的星球上出现智慧生命，完全是可能的。

银河系

但萨根却对世界各地常常有人遭遇外星人的消息嗤之以鼻。他认为，这些都是把一些人类掌握的科技加到所谓外星人身上，所描述的外星人形象也大多是人类的变形。而在别的星球，生命进化过程千差万别，外星智慧生命的演化形态很可能与人类完全不同，其掌握的科学技术也会与人类完全两样。而且这些可能产生智慧生命的星球，离地球的距离都在几千或几万光年。因此以为每年甚至每天都有外星人来访的说法，更是完全不现实的。

萨根的看法，大致可以代表严肃的科学家们的意见。这就是说，外星智慧生命的存在，从理论上讲是完全可能的。但各种发现外星人的消息，却大都不足为信。然而仍有一些被认为可靠而目前科学界尚无法解释的事件，以至某些不可理解的史前奇迹，又是否与外星智慧生命有关呢？这一切仍然是个谜。

对于目前外星人的存在情况，科学家们提出了种种可能的设想。这些设想很大胆，现在看来也很离奇，但是谁又能责怪人类的想象力呢，也许这些想象有一天会都变成客观的存在。

外星人存在形式猜想

如果外星人存在，那么进一步的问题是它以何种形式存在。人们为了满足自身的好奇，做了种种大胆的预测和猜想，有人说他们存在于地下，所以我们无法看到他们；也有人说，他们就以人类的形态存在于我们中间，但是我们不知道他们的来历；还有人说他们存在于人类看不到的另一个空间……总之，人们正在用人类现有的有限的知识去猜测未知的一切。

既然外星人存在，那么外星人以什么方式和地球接触或者在地球生存呢？这显然也是一个谜。科学家们和一些外星探索迷们将外星人存在的形式做了以下几种推测。

地下文明说

记得看过一个漫画故事，说的是在地球上是人类进化的天堂，但是在地球内部却存在另一个由进化后的昆虫统治的文明世界，最终地下的昆虫为了地上的生存权与人类开始了战争。据悉，美国的人造卫星"查理7号"到北极圈进行拍摄后，在底片上竟然发现北极地带开了一个孔。这是不是地球内部的入口？另外，地球物理学者一般都认为，地球的重量有六兆吨的上百万倍，假如地球内部是实体，那重量将不止于此，因而引发了"地球空洞说"。一些石油勘探队员都声称在地下发现过大隧道和体形巨大的地下人。我们可以设想，地球人分为地表人和地内人，地下王国的地底人必定掌握着高于地表人的科学技术，这样，他们——地表人的同星人，乘坐地表人尚不能制造的飞碟遨游空间，就成为顺理成章的事了。

杂居说

该观点认为，外星人就在我们中间生活、工作。研究者们声称用一种令人称奇的新式辐射照相机拍摄的一些照片中，发现有一些人的头周围被一种淡绿色晕圈环绕，可能是由他们大脑发出的射线造成的。然而，当试图查询带晕圈的人时，却发现这些人完全消失了，甚至找不到他们曾经存在的迹象。外星人就藏在我们中间，而我们却不知道他们将要做什么，但没有证据表明外星人会伤害我们。

外星人存在

人类始祖说

有这么一种观点：人类的祖先就是外星人。大约在几万年以前，一批有着高度智慧和科技知识的外星人来到地球，他们发现地球的环境十分适宜其居住，但是，由于他们没有带充足的设施来应付地球的地心吸引力，所以便改变初衷，决定创造一种新的人种——由外星人跟地球猿人结合而产生的。他们以雌性猿人作为对象，设法使她们受孕，结果便产生了今天的人类。

平行世界说

我们所看到的宇宙（即总星系）不可能形成于四维宇宙范围内，也就是说，我们周围的世界不只是在长、宽、高、时间这几维空间中形成的。宇宙可能是由上下毗邻的两个世界构成的，它们之间的联系虽然很小，却几乎是相互透明的，这两个物质世界通常是相互影响很小的"形影"状世界。在这两个叠层式世界形成时，将它们"复合"为一体的相互作用力极大，各种物质高度混杂在一起，进而形成统一的世界。后来，宇宙发生膨胀，这时，物质密度下降，引力衰减，从而形成两个实际上互为独立的世界。换言之，完全可能在同一时空内存在一个与我们毗邻的隐形平行世界，确切地说，它可能同我们的世界相像，也可能同我们的世界截然不同。可能物理、化学定律相同，但现实条件却不同。这两个世界早在200～150亿年前就"各霸一方"了。因此，飞碟有可能就是从那另一个世界来的。可能是在某种特殊条件下偶然闯入的，更有

外星人在地球

可能是他们早已经掌握了在两个世界中旅行的知识，并经常来往于两个世界之间，他们的科技水平远远超出我们人类之上。

四维空间说

有些人认为，UFO来自于第四维空间。那种有如幽灵的飞行器在消失时是一瞬间的事，而且人造卫星电子跟踪系统网络在开机时根本就盯不住，可以认为，UFO的乘员在玩弄时空手法。一种技术上的手段，可以形成某些局部的空间曲度，这种局部的弯曲空间再在与之接触的空间中扩展，完成这一步后，另一空间的人就可到我们这个空间来了。正如各种目击报告中所说的那样，具体有形的生物突然之间便会从一个UFO近旁的地面上出现，而非明显地从一道门里跑出来。对于这些情况，上面的说法不失为一种解释。

外星人存在吗

美国登月人称见过外星人

> 　　之所以有很多人一直对外星人的存在确信不疑，是因为一些未能保留完整证据的相关经历和描述。其中不乏一些权威部门的证言。而"美国登月人称见过外星人"就是其中一则最著名的证言，它以是一见证人而且是身为科技人员的身份向人们报告一个事件，不由得人们不相信：外星人的确存在着，并且关注着人类的一举一动。

美国"登月第六人"、现年 78 岁的"阿波罗 14 号"前登月宇航员埃德加·米切尔博士 2007 年 3 月份在接受一家美国广播电台采访时披露惊人内幕，他称外星人不仅存在，并且许多外星飞碟都曾访问过地球，还和美国 NASA 的一些官员进行过接触，但美国政府却将这一真相向世人隐瞒了六十来年！米切尔的惊人披露将采访他的广播电台主持人惊得目瞪口呆。但是人类历史上在太空停留时间最长的纪录保持者、俄罗斯资深宇航员谢尔盖·克里卡廖夫 24 日在接受媒体采访时指出，这些传言都是毫无根据的。

米切尔拥有航空工程学的学士学位以及航空学和太空航空学的博士学位。他日前接受美国 Kerrang 广播电台采访时披露，在他的宇航员生涯中，他知道外星 UFO 曾经多次造访地球的记录，但外星人和地球人的每一次"第三类接触"事件都被美国 NASA 隐瞒了下来。

米切尔称，曾经接触过外星人的NASA消息来源告诉他，外星人是"在我们眼中看起来非常奇怪的小人"，外星人的真实模样很像我们以前想象中的"小体格、大眼睛和大脑袋"。

米切尔宣称，外星人的科技相当先进，人类的科学技术根本无法和其相比，不过外星人显然对人类没有敌意。

美国登月人

米切尔说："他们并不是敌人，就目前来看，这些光临地球的外星人都是非常善意的。他们也许是为了和地球人取得联系，也许是为了考察一下我们地球。如果外星人对我们存有敌意，那我们早就完蛋了。"

米切尔和"阿波罗14号"指挥官艾伦·谢帕德一直保持着最长的"月球漫步"时间纪录。他们在1971年的任务中登上月球后，曾在月球上呆了9小时17分钟。米切尔说："我正好拥有知道这些真相的特权，外星人的确来地球上访问过我们，UFO的确是真实的。"

米切尔说："在过去六十年中，政府都一直在试图掩盖这一真相。不过，一些内幕后来仍然慢慢泄露了出来，并被我们这些宇航员所知晓。我过去一直处于军事和情报圈子中，这一圈子的人能够知道公众不知道的真相。是的，外星人的确已经访问过我们的地球。天文学家已在宇宙中发现了许多有机物，这些是生命活动的迹象，从理论上来说，人类在宇宙中不应该是唯一存在的智慧生命。从最近报纸上发表的新闻可以得知，有关神秘UFO访问地球的报道也越来越多，各国政府和整个人类都应正视这一事实，我们既没有必要恐慌，也没有必要加以掩饰。"

米切尔还说："现在已经到了公开真相的时候了。我想我们应该揭露一些真相，一些严肃的组织目前正在朝这一方向努力。"米切尔称，他现在出来公开披露外星人访问地球的真相，是因为他已不再关心自己的安全。其他一些登月宇航员也知道外星人的确存在的真相。

事实上，以前就有报道称，当美国"阿波罗 11 号"宇航员阿姆斯特朗乘坐"鹰号"登月舱踏足月球表面后，就曾遭遇过三个直径十五米到三十米左右的 UFO。当阿姆斯特朗向休斯敦地面控制中心震惊地汇报看到的一切时，NASA 专家将和阿姆斯特朗进行通讯的频道迅速切换到了安全通讯频道。人们听到的阿姆斯特朗的最后一句话是："那儿有许多大东西！老天，它们真的非常大！它们正待在陨坑的另一头！它们正在月球上看着我们到来！"

没有人知道阿姆斯特朗说的是什么，因为 NASA 接着就切换到了安全通讯频道，防止阿姆斯特朗接下来的话被全世界听到。阿姆斯特朗的助手多年后回忆说："三个不明飞行物曾逼近到距他们的飞船只有一米远的地方。当他们乘坐登月舱降落到月球表面时，他们看到在陨石坑的边缘处，停着三个直径十五米到三十米的 UFO!"

不过，米切尔却是少数几个敢公开承认外星 UFO 存在的 NASA 宇航员，他披露的 UFO 真相将 Kerrang 广播电台主持人尼克·马吉里森惊得目瞪口呆。马吉里森说："我本来认为他的这些话都是宇航员的幽默，但他谈论外星人时的态度绝对严肃，他称外星人绝对存在，这是毫无争议的事情。"

然而，针对米切尔关于外星人访问地球的惊人评论，美国 NASA 一名发言人却说："NASA 并不追踪 UFO，NASA 也从来没有参与过任何掩饰在地球或宇宙其他地方存在外星生命的活动。米切尔博士是一个伟大的美国人，但我们在这个问题上不敢苟同他的观点。我们的任务是探索更多的真相。如果外星人真的存在，我们没有任何理由对此加以隐瞒。"

俄宇航员声称听到外星人警告

如果说美国登月人称见过外星人仅仅是一个巧合，那么，苏联的宇航员也见到了外星人就不能再说是偶然了。更让人称奇的是，苏联的宇航员还听到了外星人的警告，并且告诉了他们人类的来历。据称不止一人听到了这个声音，他们自身都是科研人员，他们会撒谎吗？

2007 年 11 月 1 日来自俄罗斯普尔科夫主天文台的吉里尔·布图索夫教授日前宣称，俄宇航员曾经听到过来自"上帝"的警告。他的这一观点还得到了宇航员格里高里·格列奇科的证实。格列奇科确信，"在宇宙中存在着其他智慧生命，而且他们要比我们更为发达。"

宇航员

格列奇科宣称："我认为，有某个'人'给了我们发展的动力，正是他人为地促使黑猩猩在智力上发生了飞跃。当然，对于我们来说，起到推动作用的应该是'上帝'，正是他按照自己的样子和想法创造了我们。"

苏联宇航员克里切托夫斯基

布图索夫教授则指出："有时宇航员们在轨道上会出现一种特别奇特的感觉。某些情况下，宇航员们会突然觉得有某个人正在背后盯着自己。之后，便会感到有某种无法看到的生物在低声说话。那篇显现在意识深处的'文章'大意为：你来这里的时间太早，而且也不正确。相信我，因为我是你的祖先。孩子，你不应该在这里，回地球吧，不要破坏造物主的法则。为了增加可信度，这一声音还常常会讲述一些宇航员家庭的历史。"

除此之外，部分宇航员还宣称，在他们的意识中有时会突然出现一些奇特的画面和感觉。这种现象是宇航员谢尔盖·克里切夫斯基1995年在国际空间人类生态学院首次宣布的。还有一名宇航员甚至曾告诉克里切夫斯基，他还曾短暂地以一只恐龙的形态"存在过"，而且，他还感到自己曾到过另外一颗行星，越过峡谷和低地。这名宇航员还描述了"自己"的爪子、鳞片、手指间的膜和巨大的脚趾。

布图索夫教授指出，有时人们确实会产生自己具有另外一种身份的感觉，但至于导致这种现象的具体原因还有待于进一步的研究。

地球只是外星人的"实验动物园"?

在众多的证据面前，一部分人开始相信，外星人的确存在而且拥有比人类更发达的文明和更高的智慧，他们监视和操控着地球人。更有甚者，根据史前文明的证据和资料，一些科学家推断：地球人只是外星人根据自己的样子模拟造出的"合成品"，而整个地球也只是外星人进行观测和研究的"实验园"。这一观点不可谓不大胆。如果这一观点成立的话，那么人类自身的智慧和文明都将毫无意义。

近年来，美国外星文明研究之父、"SETI"计划创建者弗兰克·德拉克相信，在银河系中至少隐藏着 200 个高度发展的外星文明，然而寻找外星文明的"SETI"计划却至今没有发现任何外星文明信号的痕迹。科学家于是提出了一种"动物园理论"，那就是地球只是外星人的一个"实验动物园"。根据实验规则，外星人严禁和作为实验动物的地球生命进行任何通讯联系。

据弗兰克·德拉克称，他相信在银河系的两千亿颗恒星和它们的行星中，可能隐藏着至少二百个高度发展的外星文明。而据其追随者评估，这一数字可能在一万和一百万之间。然而到目前为止，"SETI计划"的科学家却仍然没有发现丝毫外星文明信号的痕迹。而玛雅文明遗址中发现的水晶头骨亚洲一些地区发现的翡翠骨等，则让人们不由对自身的身世产生了丰富的联想。这些未解之谜串联在一起，会让人们得出结论：人类文明是外星人一手创造的衍生品。

　　还有一种理论认为，外星人将人类当作是"天真的婴孩"，因此很难和人类进行交流。加拿大科学家最近的研究显示，地球的年龄比银河系其他太阳系相似行星的年龄，大约要年轻二十亿年左右。

　　这种观点是否正确呢？我们还是拭目以待吧！

太阳系

外星人和秦始皇曾经有过接触？

外星人的理论是随着人们对宇宙知识有相当了解之后才提出的，只是人类对于生命的一个猜想。最早"外星人存在"理论也不过是产生在 20 世纪 80 年代，但是，无独有偶，翻开史册，我们竟然会发现在距今三千多年前的古书中有类似于外星人和宇宙飞碟的记载！这仅仅是巧合吗？还是人类想象的相似？令人百思不得其解。

我国东晋时期所著的志怪体小说集《拾遗记》中记载道："有宛渠之民，乘螺旋舟而至。舟形似螺，沉行海底，而水不浸入，一名'论波舟'。其国人长十丈，编鸟兽之毛以蔽形。始皇与之语及天地初开之时，了如亲睹。"翻译为现代文就是，在秦朝时，有被称为"宛渠之民"（或许是宛渠这个地方的居民吧）乘着螺旋状的船（也许就是宇宙飞船吧）来到秦始皇面前。这种船外表像螺，能够上天入地，沉到海底也不会有水浸入，当时的人们称之为"论（轮）波舟"（大概是因为它像轮子又像波浪吧）。这些乘论波舟的人身高十丈（如果一丈是十尺的话，应该是三十米高，有点夸张了），用鸟兽的皮毛做衣服。秦始皇和他们做了友好的交谈，甚至谈到了许多天地形成时的秘密，说得很详细，就像他们真的见过一样。

而且后来还记述说这些"宛渠之民"还掌握着惊人的高效能源，神奇无比，据说要想夜间照明，只需"状如粟"的一粒东西，便能

秦始皇兵马俑

"辉映一堂"。倘将这种能源丢于小河溪之中，则"沸沫流于数十里"。简直有原子弹般的威力，但是他们的这种"原子弹"似乎又是安全而且使用方便的，能够随便丢弃于空中和水中。这些"宛渠之民"究竟是何许人？而且还能够和秦始皇有往来？古往今来，众多的学者对这一记载百思不得其解。

近年来，有不少学者用外星来客的观点对这一记载进行了解释：一群具有高度文明的外星人很早就来到地球并安下基地，称为宛渠国，对地球进行科学考察。这群外星人活动于占地表面积三分之二的海洋中，用"形似螺"的"论波舟"作交通工具。这种交通工具水陆两用，日行万里。这就是今天所说的飞碟（UFO）。这些人"两目如电，耳出于项间，颜如童稚"。他们注意观察人类世界，一有新的动向，哪怕"去十万里"也要"奔而往视之"。他们对洪荒时代的地球"了如亲睹"，对"少典之子采首山之铜，铸为大鼎"之类事情甚为关心，曾赶到现场考察，结果看见"三鼎已成"。他们对中国当时社会组织结构的变化、生产的重大成果，也都一一"走而往视"。万里长城上也留下了他们活动的身影。

　　如果说《拾遗记》只是作为一种记载野史佳话供人们消遣的文字形式，其上的内容都是杜撰和想象，没有什么事实依据和可信度的话，但是为什么它所想象的和人们后来很多人称亲眼见过的宇宙飞船如此类似呢？作为观测和交通手段都非常局限的古代小说家，如果没有一定的事实依据，他怎么能想象出如此神奇的现象呢？

　　但是如果是真的，又的确让人太难以相信了，在两千多年前的古代，怎么可能会有现代科技都无法达到的交通工具和武器呢？

　　另有一个事实让人们联想到秦始皇时代可能出现过外星文明的帮助。一支考古队在挖掘春秋古墓时，意外发现了一把沾满泥土的长剑。当考古队员轻轻拭去剑上泥土的时候，剑身上一行古篆——"越王勾践自用剑"跃入人们眼帘。这一重大的考古发现立即轰动了全国，但是，更加轰动的消息却来自对古剑的科学研究报告。最先引起研究人员注意的是：这柄古剑在地下埋藏了两千多年为什么没有生锈呢？为什么依然寒光四射、锋利无比呢？通过进一步的研究发现，"越王勾践剑"千年不锈的原因在于剑身上被镀上了一层含铬的金属。大家知道，铬是一种极耐腐蚀的稀有金属，地球岩石中含铬量很低，提取十分不易。再者，铬还是一种耐高温的金属，它的熔点大约在 $4000℃$。德国在 1937 年，美国在 1950 年才先后发明并申请了专利。在两千多年以前是什么人、用什么方法将这种金属镀到剑上去的呢？

　　另外，1994 年 3 月 1 日，举世闻名的"世界第八大奇迹"——秦始皇兵马俑二号俑坑正式开始挖掘。在二号俑坑内人们发现一批青铜剑，这批青铜剑内部组织致密，剑身光亮平滑，刃部磨纹细腻，纹理来去无交错，它们在黄土下沉睡了两千多年，出土时依然光亮如新，锋利无比。且所有的剑上都被镀上了一层 10 微米厚的铬盐化合物。在清理一号坑的第一过洞时，考古工作者发现一把青铜剑被一尊重达 150 千克的陶俑压弯了，其弯曲的程度超过 45 度，当人们移开陶俑之后，令人惊诧的奇迹出现了：那又窄又薄的青铜剑，竟在一瞬间反弹平直，自然恢复。当代冶金学家梦想的"形态记忆合金"，竟然出现在两千多年前的古代墓藏里，这听起来是不是有些离奇呢？

谁能想象，20世纪50年代的科学发明，竟然会出现在公元前两千多年以前？又有谁能想象，秦始皇的士兵手里挥舞的长剑，竟然是现代科学尚未发明的杰作？我们怎么能完全相信现代所谓的科学结论呢？那么反过来说，秦始皇的铸剑技术是谁人传授的呢？秦始皇时可以使用铬盐氧化处理法、发明形态记忆合金，为什么鲁班就不能发明机器人马车呢？关键在于，假如以上的事实是真实的话，那么我们就会问：他们的技术渊源是什么呢？

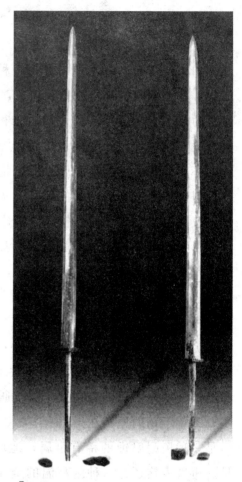

秦代青铜剑

结合《拾遗记》所说的，有人提出了假说，认为有可能是外星人传授给他们用铬造剑的技术。

澳大利亚岩画被指为外星人光临地球的证据

岩画是远古人向现代人类传递信念的凭证。而一些研究者在研究岩画时发现，一些岩画上出现了和现代文明中相似的东西，更有甚者，有些岩画上还反映出了飞碟和外星人的内容。有些人认为这只是人类对岩画的过度猜想，而另一些人则认为这是史前人类告诉人们的关于外星文明的重要信息。

一家专门探讨不明飞行物的网站"UFO区"声称，澳大利亚中部乌卢鲁国家公园中那些古老的岩石绘画描绘的其实是外星人光临地球的故事，这是外星人造访地球的证据。在这幅岩画中，有一个椭圆形的物体旁边有几个人，还有人正从椭圆形物体里走出，并且是孩子的图形。

该网站声称："在遥远的过去，一个大型红'蛋'难以安全到达地面，最终坠毁。从'蛋'里走出几个白皮肤的人，后面跟着他们的孩子。"由于无法适应地球大气，

澳大利亚乌卢鲁岩画

▎澳大利亚乌鲁卢岩画

成年人一个个死去。而孩子们却活了下来。后来，他们在岩石上画上父母的画像，以纪念离开人世的亲人。难道发现于乌卢鲁公园里的岩画果真是外星人的杰作？澳大利亚公园管理部门女发言人玛丽·斯坦顿表示，乌卢鲁国家公园不会对这种荒诞的故事做出评论。

　　国际著名不明飞行物专家尼克·雷德费恩对乌卢鲁岩画是不是外星人所为这个问题并未直接回答，但他表示："很多令人感兴趣的故事就源自古代史。由此我认为，UFO现象很久以来便存在。据记载，公元前329年，正当亚历山大大帝穿越印度河，欲大举入侵印度的时候，他在天空中看到了'若隐若现的银色盾状物'，不断在他们的头顶飞来飞去。很多人认为，UFO仅仅是现代现象，这种看法是错误的。全世界几乎每一个古文化都拥有关于陌生人和不同寻常的物体从天而降的传说。"

　　乌卢鲁岩画究竟是谁画的呢？事实上，一些土著文化专家并不认同"外星人说"，这些绘画更有可能是古老的土著人神话的展现，而且这样的岩画非乌卢鲁公园所独有，在澳大利亚很多地方都可以看到，它代表了很多不同的文化。

　　可是如果它只代表一种文化，是一种猜想的话，为什么远古的人类会想到画一些有关于飞碟内容的图画呢？恐怕这还是一个谜题。

▍乌鲁卢岩画

外星人真的存在吗

31

贵州画马崖岩画之谜

和澳大利亚乌鲁卢国家公园的岩画一样，中国贵州的画马崖岩画中也出现了一些类似于外星人和飞碟的图案。从现有的岩画资料分析，这些图案大多反映的都是远古人生活当中的异类事物和状况。那么，外星人也是当时存在的现象之一吗？

画马崖位于贵州省开阳县高寨苗族布依族乡平寨村顶，这里有一组岩画群，画以赭红色颜料绘制于悬崖薄层岩面上，画的内容不仅有太阳星象、姿态各异的马、作舞蹈状的人物，还有状似鱼、龙、虎、狗、仙鹤，更奇怪的是还有一些干栏式的房架和一些怪异神秘的图形符号。由于类似于马的图案较多，所以被当地人称为"画马崖"，然而这些神奇图案的身世，至今仍是一个谜。

"难道真的是外星人光顾的痕迹吗？"惊叹于画马崖赭红色颜料遗留的神奇图案，人们总是心存疑问。

画马崖岩画群由小崖口、大崖口和梯子岩三处岩画组成，共有二百多个图案，全部以赭红色颜料画成，是贵州省已发现的规模最大、内容最丰富的岩画群，也是中国南方颜料岩画的典型代表之一。

让人不可思议的事情是，在经历大自然万年之久的打磨和洗礼后，岩画依然光鲜如初，这个赭红色颜料究竟有什么神奇的力量？可以与自然界最无情的时间抗衡？这似乎在向世人诉说着什么，与众多世界未解之谜一样，画马崖从头到脚都让人充满了猜测。

画马崖岩画群中的岩画，是用极其简单的线条勾勒出的各种造型，类似于现代绘画中的速写风格，但是其线条却异常简洁甚至抽象，寥寥数笔却惟妙惟肖。

然而，专家考察却发现，岩画中描述人的线条头型呈不规则的圆隆状，四肢和身体都用形状不同的线条表示。从我国古代遗留的古代绘画中不难发现，古人在描绘人头部时常

画马崖岩画

用圆或椭圆形，而开阳画马崖的岩画中的人头线条呈不规则的圆隆状，这关键的差别引发了我们的疑问，这种"人"究竟是不是地球人呢？抑或是外星人造访地球的"写真"？

与此同时，画马崖岩画中那些反复出现的大圆点、小圆点、小斜点和怪异神秘的图形符号，2003年，文物工作者在画马崖附近又发现两处古文化遗址，一处为岩画，另一处为洞葬。

新发现的崖画除有画马崖常见的太阳、马、人及一些神秘符号外，还有不少新奇的地方，左半部有一个奇特的巨人样图案，高约1米，宽约0.6米，其左侧还有一个胸透图像似的神秘图案，高约0.7米，宽0.4米，在全国已发现的同类岩画中也不多见。

地球已经存在几十亿年，而人类存在的时间，就好比在一天二十四小时里最后的几秒钟。人类在这段历程中所看到的经历过的只是短短的一瞬间。在人类未知的领域，什么都有可能存在，什么都有可能发生。

画马崖梯子岩处的岩画地势险要，上为悬崖绝壁，下为陡坡及森林。能够将如此多丰富的图案绘制到"绝地"非常人可及，现代人即使在很多工具的帮助下都难以完成如此难度的工作，更不用说身处遥远时代的古

33

外星人未解之谜

人。究竟是谁采用什么样的技术在这样的环境下达到这样的效果呢？

现代人曾经模仿"古人"的做法，试图揭开其中的奥妙，但是始终不能如愿。现代人凭借如此先进的科技都无法做到的事，古人更不可能做到。如果不是古人，那会是外星人吗？

如果我们从现代人类的艺术视角来看，岩画是一种独特的艺术形式。如果说是古人的作为可能性极小，除非在当时有更高级的文明存在于地球。这些岩画采用垂直投影法，巧妙地利用薄层岩面仅有的面积，将各种图形有机地分布于岩面上。

画马崖岩画让我们看到了另外一种世界，另外一种意识形态。神秘的画马崖，一切依然是个谜。和失踪的玛雅人、神秘的金字塔、沉入海底的亚特兰蒂斯文明、复活节岛上六百多尊巨人石像一样，画马崖岩画同样充满了难以解释的神秘。画马崖岩画究竟是谁人所为？这一切真的表示有上古文明吗？真的有 UFO 吗？真的有外星智慧生命存在吗？画马崖岩画究竟为何能幸存万年之久而至今清晰可见？为何会选择画在险峻的悬崖峭壁上？这一切都没有答案！

贵州风景

失踪的大西国
可能是外星人基地?

在柏拉图的描述中，大西国已经成一个富庶文明国度的代名词。但是这个文明之地也有众多的谜题出现。它为什么突然消失？它的遗址在哪里？众多的描述让人们把它和外星文明联系在一起，并且提出了很多相关的证明。大西国真的是外星人基地吗？

相传，在深深的大西洋的洋底，有一个沉没的国家，据说那就是大西国。最早记载大西国的事情的人是希腊大哲学家柏拉图。在他的著作《克里齐》里，柏拉图说，大西国原来是全世界的文明中心。这个国家比利比亚和小亚细亚加在一起还要大，它的势力一直延伸到埃及和第勒尼安海。

后来，大西国对埃及、希腊和地中海沿岸所有其他民族都发动过战争。一次大西国对雅典发动了战争，雅典人进行了殊死地抵抗，将大西国的军队击退。不久，一场大地震使大西国

海底文明

沉没于波涛之中。

大西国的创始人是波塞冬。波塞冬娶了当时一位美丽的姑娘克莱托为妻。她为波塞冬生了十个儿子。波塞冬把大西国分成十个部分交给他的十个儿子分别掌管。他们就是大西国最初的十名摄政王。波塞冬的长子阿特拉斯是大西国王位的继承者。最初的 10 名摄政王曾相约，彼此决不互动干戈，一方有难，各方支援。

大西国的海岸绵长、高山秀丽、平原辽阔。大西国天然资源丰富，农作物一年可收获两次。人民大多依靠种地、开采金银等贵金属和驯养野兽为生。在城市和野外，到处是鲜花，大西国的许多人便靠提炼香水生活。

在大西国的城市中，人口稠密，热闹非常。城中遍布花园，到处是用红、白、黑三种颜色大理石盖起来的寺庙、圆形剧场、斗兽场、公共浴池等高大的建筑物。码头上，船来船往，许多国家的商人都同大西国进行贸易。

随着大西国越来越强盛，大西国的国王也变得野心勃勃。在贪得无厌的野心驱使下，他们决心要发动更大的战争，征服全世界。然而一场强烈的地震和随之而来的洪水，使整个大西国在一天一夜之间便无影无踪了。

大西国沉没的时间，根据柏拉图在另外一本书中所记载的说法推算，大约是一万一千一百五十年前。柏拉图曾多次说，大西国的情况是历代口头流传下来的，绝非是他自己的虚构。据说柏拉图为此还亲自去埃及请教当时有声望的僧侣。柏拉图的教师苏格拉底在谈到大西国时也曾说过："好就好在它是事实，这要比虚构的故事强得多。"如果柏拉图所说的确有其事，那么早在一万两千年前，人类就已经创造了文明。但这个大西国它在哪里呢？千百年来人们对此一直怀有极大的兴趣。到了 20 世纪 60 年代以来，在大西洋西部的百慕大海域以及在巴哈马群岛、佛罗里达半岛等附近海底，都接连发现过轰动全世界的奇迹。

外星人未解之谜

据记载 1968 年的某一天，巴哈马群岛的比米尼岛附近的大西洋洋面上一片平静，海水像透亮的玻璃，一望到底。几名潜水员坐小船返回比米尼岛途中，有人突然惊叫了起来："海底有条大路！"几个潜水员不

海底文明

约而同地向下看去，果然是一条用巨石铺设的大路躺在海底。这是一条用长方形和多边形的平面石头砌成的大道，石头的大小和厚度不一，但排列整齐，轮廓鲜明。这是不是大西国的驿道呢？

20 世纪 70 年代初，一群科学研究人员来到了大西洋的亚速尔群岛附近。他们从八百米深的海底里取出了岩心，经过科学鉴定，这个地方在一万两千年前，确实是一片陆地。用现代科学技术推导出来的结论，竟然同柏拉图的描述如此惊人的一致！这里是不是大西国沉没的地方呢？

1974 年，苏联的一艘海洋考察船在大西洋下拍摄了八张照片——共同构成了一座宏大的古代人工建筑！这是不是大西国人建造的呢？

1979 年，美国和法国的一些科学家使用十分先进的仪器，在百慕大"魔鬼三角"海底发现了金字塔！塔底边长约三百米，高约二百米，塔尖离洋面仅一百米，比埃及的金字塔大得多。塔下部有两个巨大的洞穴，海水以惊人的速度从洞底流过。

这个大金字塔是不是大西国人修筑的呢？大西国军队曾征服过埃及，是不是大西国人将金字塔文明带到了埃及？美洲也有金字塔，是来源于埃及，还是来源于大西国？

1985 年，两位挪威水手在"魔鬼三角"海区之下发现了一座古

外星人真的存在吗

城。在他俩拍摄的照片上，有平原、纵横的大路和街道、圆顶房屋、角斗场、寺院、河床……他俩说："绝对不要怀疑，我们发现的是大西洲！和柏拉图描绘的一模一样！"这是真的吗？遗憾的是，百慕大的"海底金字塔"是用仪器在海面上探测到的，迄今还没有一位科学家能确证它究竟是不是一座真正的人工建筑物，因为它也可能就是一座角锥状的水下山峰。苏联人拍下来的海底古建筑遗址照片，目前也没有人可以证实它就是大西国的遗址。

比米尼岛大西洋底下的石路，据说后来有科学家曾经潜入洋底，在"石路"上采回标本进行过化验和分析。结果表明，这些"石路"距今还不到一万年。如果这条路是大西国人修造的话，它至少不应该少于一万年。至于那两个挪威水手的照片，至今也无法验证。

有人据此得出假说，认为在大西洋底确实有一块沉下的陆地。有很多人怀疑，那些无法解释的"古代超级文明"遗迹是外星智慧的杰作，而大西国上的人就是外星人。那么，大西国就是外星人在地球上的基地。如果从这个假设出发，摆在我们面前的很多无法解释的谜就更加耐人寻味了。比如，为什么世界上各种文明中神话里的神，从天上下凡后都在某一天到海里？为什么美洲大陆的神总是来自东方，而欧洲大陆的神总来自西方？这表明，也许有一个共同的大西洋起源。古人类学家们推测，可能存在过一个大西种族，她包括爱尔兰人、威尔士人、布列塔尼人、巴斯克人、安达卢西亚人以及柏柏尔人等。这些人具有共同的伦理，讲的是一种相似的喉音重的方言。方言中某些音在希腊—拉丁语系中没有，然而可以在尤卡坦的玛雅语中找到这些同样的古怪的音。有些UFO学家认为，这些人的最初祖先来自外星，后来在海底洞内过穴居生活。

若是真的在过去的几千年之间曾有过生物来访地球，那么我们今天可能还会面对来自太空的智慧生物新的来访。

卡尔·萨根认为，地球在地质时期曾经有过上万次银河系文明来访过。一位瑞士科学家曾在意大利北部地区找到了被掩埋的类人物骸髅的残骸。他认为这已有一千万年的历史。

近日，两位英国人曾在 1952 年对五具在秘鲁库斯科发现的印加干尸做了血液分析。其中一具属于C—E—C型（即RH），这种血型的人在世界其他地方从未见过；另

海底文明

一具属于D—C型，这种血型在美洲印第安人中极其稀少。由此可见，大西洋一侧的印加人，另一侧的巴斯克人和埃及人，血型都与周围民族不同。这会不会就是假设中的来自外星的大西国人的血型呢？

考古学家挖掘出的古生物化石。这些化石的样子奇形怪状，实在看不出它们是由什么生物的骨骼演化而成的。难道是什么外星的智慧生物？如果它们曾经在远古时代造访过地球，那么它们还会来的。我们期待着它们的光临。

考古学家莲高曾明确提出大西国居民是外星人。这是他根据在乌拉尔找到的金质图表来认定的。这些金质图表在美国保密局存放至今。在这些图上刻有密码符号并标有两处位置。一处标出如何从上埃及到达大西洲帝王坟墓的方位。在图上明显地标出始帝和末代皇帝的陵墓，墓地的位置只能是大致的，它距尼罗河有二十至三十日的里程。这表明整个墓地位于阿斯旺及西部沙漠绿洲之间。

在金质的图表中还表明一万五千年前大西洲上曾有过宇宙飞船着陆，其上面有高度发达的类似地球人的生物。

俄发现外星人航天中心了吗?

外星人未解之谜

40

> 神秘的古遗址，总是给人们太多的惊奇和疑惑，甚至会让自以为拥有发达科技文明的现代人自叹不如。一些古遗址中的种种现象更让现代人百思不得其解，不由得想到天外来客和外星文明。俄罗斯阿尔卡伊姆古城遗址就是一处典型的例子……

在这个神秘的地方，时钟会失灵，心脏跳动的频率、人的血压和体温都会发生突变，地球的电磁场也莫名其妙地降低，空气温度在五分钟内会忽然上升或下降5摄氏度。这个所谓的神秘的地方就是位于俄罗斯南乌拉尔地区车里雅宾斯克的古城遗址——阿尔卡伊姆。俄罗斯总统普京还曾经亲自到访和考察过这个地方，飞碟专家认为，很久以前这里或许是外星人起降飞碟的航天中心。

俄罗斯成立了一个由科学家

阿尔卡伊姆古遗址

和大学生组成的宇宙探索考察队，对这一地区进行科学考察。领队切尔诺布罗夫说，阿尔卡伊姆地区的神奇在于，四千多年前的阿尔卡伊姆文明即便是当今的科学技术也无法企及。1987年，苏联政府打算在南乌拉尔地区的阿尔卡伊姆盆地修建一个水库。结果，考古学家在盆地的中央发现了一个巨大的神奇圆形建筑群。经过一年多的考证，考古学家发现，阿尔卡伊姆遗迹与古埃及和巴比伦属同一时期的文明，她比特洛伊和古罗马要早得多。

空中俯瞰阿尔卡伊姆，整座城市好似由许多个同心圆组成的圆盘，它们一层套一层就像树的年轮。中心部分是一个圆切正方形广场，整个城市的建筑构思恰如"天圆地方"的宇宙天体的微缩景观。阿尔卡伊姆不仅仅是一座城市，同时也是天文观测台。据悉，城市的整体设计方案似乎可以精确地算出宇宙天体的准确方位。阿尔卡伊姆城中有暴雨排水沟，木质结构住宅的木头中浸渍了不怕火烧的化合物，因此，该城历史上从未发生过水患，也没有发生过火灾。城中每一间住宅都有完善的生活设施，排水沟、水井、储藏室、炉灶等。最有意思的是，水井处有两条土制通风管道，一条通向炉灶，铁匠在打铁生火时可不用风箱，另一条通向食物储藏室，从井里吹来的冷风可使这里的温度比周围低许多，储藏室就如同一个大冰箱。

最令人感兴趣的莫过于阿尔卡伊姆的圆形广场，它的形状和布局都容易让人联想到宇宙天体。而整个城市的圆环构架也让人浮想联翩。为什么四千多年前的阿尔卡伊姆人要设计这样的布局？为什么会有如此特殊的建筑风格？他们又是如何把这一布局完美地付诸实施的呢？

因此有飞碟专家认为，阿尔卡伊姆根本就不是人类的杰作，而是外星文明的产物。圆环状的广场根本就是一个飞碟升降地……他们并且拿出许多证据来证实自己的言论。那么，这些飞碟专家的推论是否正确呢？

月球是外星人研究基地?

外星人未解之谜

42

> 在所有太阳系的星体中,月球是和地球最为相似的星球,它们都是球形的,都有自转和公转,都有太阳的辐射,都有昼夜变化……这些相似点不禁让人们开始联想:既然地球上能产生生命,那么月球上有生命吗?遗憾的是,经过人类的长期观测和考察,还没有发现月球上有生命的迹象。但是,科学家们在月球的一个环形山深谷中发现了一个探测器……因此有人认为,月球其实是外星生命的一个研究基地……他们的猜想是否正确呢?

前不久有月球上存在外星人基地的传闻,也许外星人在月球的环形山里用望远镜仔细观察着我们,他们正在研究……

然而,这些传闻很可能不乏证据。前不久,美国航空航天局的一位研究人员宣布了另一个有关月球之谜独一无二的新发现。20 世纪 60 年代,"月球轨道"4 号探测器向地球发回一系列月球照片:在月球的一个环形山的深谷中能清晰地看到一个很像飞行器的奇异的物体,确切地说,这个环形山谷中的类飞行器异物是一个与月面背景完全不相协调的物体。过去,月球轨道探测器绕月球飞行时,在发回的一系列月球照片中还从未发现那个环形山

月球

中有任何异物。

不久，美国航空航天局的研究人员，借助计算机应用三维图像最新程序处理技术对存在摄影缺陷的原片进行处理后发现，在计算机的屏幕上出现一个奇特的大型结构物，它看上去似乎不是地球上的产物。有人认为，这是否搞错了？不过，专家们认为，月球环形山中对外星人航天器的发现及其三维图像微机处理技术的误差率不会大于 3%。

看来，有关这方面的全部资料已被美国当局隐秘长达二十多年之久。

环形山

参与研究月球环形山外星人航天器的美国航空航天局专家马·诺温说："我并非是飞碟故事爱好者，不过，严肃认真的研究表明，在这个月球的环形山中的确有一个类似空间站的外星人的航天器。可能由于外星人留在环形山中的航天器仍有一定用途，所以没有将其运走，而将其很好地伪装起来。外星人未能或没想毁掉对外星人航天器进行拍摄的"月球轨道"4 号探测器。说不准外星人什么时候还会回到这个藏有他们航天器的环形山，或将其修复后继续使用，或将其拖走进行研究……其结果就不得而知了。

有可能，外星人试图用一个报废无用的航天器放在环形山中，以此举向我们地球人类显示他们对月球的某种蓄意侵犯。假如事实果真如此，外星人便已达到自己的预期目的：据从美国航空航天局获悉，美国政府已无任何企图和计划重返月球上的这一地区。

外星人真的存在吗

43

月球上的脚印之谜

　　月球是太阳系中距离地球最近的星体，它和地球的平均距离只有38万公里。它也是目前为止人们了解最多的地球外星体。随着人类科技的进步和外星文明探测水平的提高，人类已经不止一次登上月球，并且设置了多处月球探测器。前面说过，月球质量太小无法凝聚水蒸气而且昼夜温差大，不利于生命存在。然而，就在这些探测器发回的照片中，人们意外地发现了在月球表面有一个人类的脚印！这到底是不是表明月球上曾经有类似人类的生命出现过呢？

美国航空航天局的专家们正在绞尽脑汁地思考和研究，力图解开另一个震惊世界之谜：在美国航天员首次登月之前，有谁在不穿宇航服的情况下赤脚访问过月球？

　　美国公众和UFO研究者们，曾强烈呼吁克林顿总统早日将另一个最大的月球之谜——1969年7月20日，"阿波罗-11"号航天员在月球上发现赤足者脚印的绝密材料公之于众。

　　1988年冬，领导着四百多名科学家和研究人员的美籍华裔天体物理学家负责人康茂邦，在北京举行的一次记者招待会上，以他从美国航空航天局获得的许多张月球

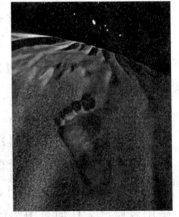

月球表面赤脚印

赤足者脚印照片震惊世界。其后不久，他又公布了一张美国"阿波罗-11"号飞船航天员登月时拍摄的一张月面上的一个人骨架照片，从而敦促克林顿总统勒令美国航空航天局不得不将有关这一绝密档案公之于众，以期搞清事实真相。康茂邦博士证实，这些月面照片是他从美国一个可靠的信息源那里获得的。在美国航空航天局和中央情报局工作多年的许多专家和特工人员都深有感触：美国当局对一切有关飞碟与外星人的真相一贯采取秘而不宣的隐瞒态度。仅那些月球赤足者脚印照片，美国政府就已隐瞒了长达二十八年之久，那张月球上人骨架的照片隐秘时间更久。康茂邦博士在 1989 年 10 月 17 日的美国《纽约时报》上发表声明：我手中有官方文件和信函证实月球上的赤足者脚印和人骨架的真实存在，这些文件上注有"1969 年 8 月 3 日绝密"字样。

据从美国航空航天局获悉，1969 年 7 月 20 日，美国"阿波罗-11"号飞船航天员登月时，在飞船着陆地点附近，共发现和拍下二十三个赤足者脚印。航天专家们认为，月球上的这些赤足者脚印是航天员从"阿波罗-11"号飞船上拍摄的，是完全可信的事实，毫无任何虚假之处。无疑，这些脚印都是新踏出来的，确属人类留下的脚印。

美国科学家对这一确认的事实进行分析和研究后得出结论认为，月球上的赤足者脚印同地外文明有着密切的联系，这个在月面上留下脚印的赤足者不可能自己到月球上去，必定是某种航天运载工具或什么人将他送上月球的。要想让登月的美国航天员在月面上留下赤足的脚印，无论如何也做不到，因为他们个个身穿密封的宇航服和沉重的航天靴。

看来，是来自宇宙的外星人把一个赤足者送到月球上，不知是什么原因迫使他在月球上光脚行走。也许，是这月球上留下的赤足者脚印是外星人劫持我们地球人恶作剧的产物？

外星人的确来过地球？

> 　　一些古代的地图，竟然精确地描绘出了现代人才发现的地方，这不由得让人们想到了这是超人类文明的杰作。这些超文明不仅仅在人类之前就对地球的状况了如指掌，而且还将其智慧成果的一部分留给了人类……这些超文明是不是就是外星文明呢？人们在疑惑和求证着。

46

据俄罗斯媒体报道，通过对历史上一些古老地图的研究，一些西方科学家得出一个令人难以置信的结论：他们越来越相信，外星智能生物不仅曾在地球上出现过，并且其智慧可能已被我们人类部分地传承了下来。外星智能生物可能来过地球的最明显标记就是一些古老而神秘的地图。人类先辈不可能绘出这些地图，那么，这些神秘的地图最初到底出自谁手？

　　在所有的神秘地图中，最著名的自然要数 16 世纪初土耳其海军司令皮利·雷斯上将收藏的雷斯地图了。在雷斯地图上，可以看到用土耳其语密密麻麻注释着的美洲新大陆的地形，其板块一直延伸到了拉丁美洲的最南端。让人称奇的是，除了南、北美洲、非洲海岸线外，甚至连南极洲的轮廓都丝毫不差地描绘在了雷斯地图中。可是南极山脉六千年来一直被冰雪覆盖着，人类直到 1952 年才靠回声仪的帮助将其测绘出来，雷斯地图的最早绘制者又是如何知道冰雪下的南极山脉形状的呢？一个最大的可能是，除非有关南极的地图是在南极洲冰封之前——也即六千年前绘制出来的！古地图研究者冯·丹尼肯对此得出的结论是：我们的祖先不可能绘出这样精确的高空投影地图，因此，只有外星智能生物或某个已经消失的地球高级文明才能解释这幅神秘地图的起源。

另一幅著名的神秘地图名叫弗兰科·罗赛利地图，如今它被保存在英国格林尼治国家海洋博物馆里。这幅地图有28厘米长、15厘米宽，它出自15世纪一位著名的意大利佛罗伦萨制图师之手，绘图法在当时仍是一门新兴的实验性艺术。

令人惊讶的是，罗赛利地图对南极洲也具有非常精确的描绘，在罗赛利地图上可以清晰地看到罗斯海和威尔克斯地的形状。人们不禁要问，这幅地图大约绘于1508年，那个时候南极洲压根儿还未被人类发现，确切地说过了好几个世纪后，直到1818年南极洲才被欧洲人发

神秘古地图

现，那么，南极地形怎么会突然出现在一张16世纪初的意大利地图上？和雷斯地图一样，罗赛利地图同样运用了高空测量技术。虽然地图上也有一些错误，但这些错误都发生在更北部的纬度附近，颇具讽刺意味的是，这些绘错的地

冰雪覆盖的南极

区对15世纪的人们来说反倒已经没有了任何神秘之处。很显然，罗赛利地图也是一份古老原作的复制品而已。其他类似的神秘古地图还包括1531年的奥朗蒂斯·芬纽斯地图上，竟绘出了被1.6公里厚冰层覆盖的南极河流。1559年绘制的哈德吉·阿曼德地图，这幅地图上竟清楚地绘出了冰河时代横跨西伯利亚和阿拉斯加的大陆桥轮廓！这些古地图显示，古人不仅知道这些地方的存在，并且在远古时代可能彼此间还保持着某种文化交流。那么，这种沟通是如何开始的呢？远隔重洋的古人是如何知道在跨过无边无际的大海后一定能够找到陆地的呢？

唯一合理的解释是走海路。可是就算树排能载着史前人类出海远航到澳大利亚，那么在茫茫大海中他一定得知道此行的终点站，否则无异于自杀。就像航海家哥伦布知道自己要去哪里，他们肯定也有一个关于大陆的传说，或者，他们的手中有一张更古老的地图。

外星文明在史前就登陆过地球?

众所周知,人类最早产生也不过在二百万年前左右,但是在人类发现的一些古代遗迹中,竟然发现了距今千百万年历史的文明证据……一个史前文明的脚印,一个千万年前的不锈金属球,一些几百万年前的奇怪标记……所有的这些似乎都证明,外星文明在人类产生之前就存在过。或许他们仍然存在,关注着地球和人类的一举一动。

很多科学家认为外星人在人类未产生以前就来过地球,而且对地球做过很详细的了解和调查,并且认为他们日后还会再次光临。科学家们的这个猜测并不是没有根据的。

在美国内华达州孔特利贝尔什深峡谷地层内,人们曾发现一个鞋底的痕迹,其清晰程度乃至粗线条纹路都看得十分清楚。估计这一鞋底的印迹已有一千五百万年的历史。

在智利的热带丛林中曾找到过一个金属球,其直径有一米,重量约有三吨,据考证,距今有至少一千万年的历史。而且它的成分是谁也不知道的化合物。奇怪的是金属球光滑的表面,无论用火烧,用酸液浸,还是用刀切削都毫无影响。智利科学院院长拉莫斯·泰尔杰茨博士认为,这一金属球是地外文明代表有意留下的。他们在远古的时代就可能到过我们星球,也可能在我们的时代也拜访了我们的星球。

在法国和意大利的许多岩洞的壁上刻画着许多奇怪的标记,样子同飞碟的形状相仿。专家们已知的类似岩洞有拉兹卡岩洞、阿尔塔米拉岩洞及埃比斯岩洞等。这些地方至今已发现有近两千多个类似的标记，都是石器时代（300万～200万年前）留下的。

最为知名的阿尔塔米拉岩洞中有字母形状的地方长达二百米。在此洞内能找到三种不同的标记，主要是在洞的顶壁。

在古代的日本画上绘有称之为"Kanno"的生物。据说公元700～800年前众多日本人士在日本见到过此种生物。根据日本的古老传说，此类生物在河床中、沼泽地带活动。划行时不穿任何衣服，伸出长长的爪子。头很小，有嘴，有长长的鼻子。大耳朵能自由活动，三角眼睛深深地凹陷。头是圆盘，上面竖有4根刺，其中一只耳朵有小小的耳甲。背上有类似贝壳的大东西，一直同嘴相连。嘴则与盘绕的绳子相似。

对于这些人类还没有产生之前就存在的史前文明证据，科学家们不由得做出推论：它们出自于比人类更发达的外星文明之手。他们也许曾经绘制过地球，但是后来转移了，留下了未被他们毁灭的物证，或许是他们曾经来过地球，稍作逗留，留下了一些零星的证据……如果这些猜想都成立的话，那么外星文明迟早会再次登陆地球。

智利金属球

外星人潜藏在海底？

许多宇宙学家和天文爱好者都相信，外星人是一定存在的。而之所以人类到目前还没有发现他们；是因为他们的文明程度高于人类，他们不愿意和人类这样的"低等文明"接触，或者他们只是想默默地等待人类……如果真的是这样的话，外星人有可能就潜藏在我们人类所看不到的地方。而一些海底神秘生物和文明遗迹的发现，让人们不禁产生联想，外星人可能就在海底。

关于海底人的传说由来已久，一直是人们关注的话题，美片《大西洋底来的人》也因此而风靡一时。但到今天为止，也没有人能弄清这种海底生物究竟是什么。不过近几十年来关于海底人的目击资料说明，它们似乎就存在于这个地球上。

1958年，美国国家海洋学会的罗坦博士在大西洋三英里深的海底拍摄到了一些类似人的奇妙足迹。

1963年，在波多黎各东面的海里，美国海军在进行潜艇作战演习时发现了一个"怪物"，它既不是鱼，也不是兽，而是一条带螺旋桨的"船"，在水深三百米的海底游动，时速达280千米，其速度之快是人类现代科技所望尘莫及的。

1968年，美国迈阿密城的水下摄影师穆尼在海底看到一个奇异的动物：脸像猴子，脖子比人长四倍，眼睛像人但要大得多。当那动物看清摄影师后，就飞快地用腿部的"推进器"游开了。

　　1973 年，北约和挪威的军舰发现了一个被称为"幽灵潜水艇"的水下怪物。用多种武器攻击，全无效应。当它浮出水面时，这么多舰上的无线电通讯、雷达和声的全都失灵，它消失时才又恢复正常。在西班牙沿岸采海带的工人反映，他们在海底见过一个庞大的透明圆顶建筑物，而在美洲大陆边缘的居民和海员也说见过类似的东西。美国专家认为它不像是某种国防设施。那么，这又是谁的杰作呢？面对这些稀奇的水下智能动物，美国科学家认为，它们既能在"空气的海洋"里生活，又能在"海洋的空气"里生活，是古人类的另一分支。

　　然而，持另一观点的人却认为，海底类人生物不可能是另一支人类，因这些智能动物的科技水平已远远超过了陆上的人类。它们很可能是栖息于深水之中的特异外星人。因为在与我们接触过的四种类型的外星人中，最常见的是"类人怪物"。据报道 1984 年 9 月，在西伯利亚奥比湾附近发生的飞碟坠落事件中，人们从现场救出五个"外星人"。他们个个浑身长满细细的鳞片，无嘴唇，身体其他部分同人类小

海底世界

孩相似。其中一个女性"外星人"生下的婴儿体重1752克，身高0.5米，上身鳞片很厚，头颅像蜥蜴，眼睛细小而黑，无鼻梁，但有一个鼻孔，肤色略显蓝色。如果以上报道属实，不难得出这些"外星人"与生活在海底的种族有关的结论，而且它们的智能也是人类远不及的。这些水下高智能生灵如果存在，很可能是外星人的某个种族。但这些海底的类人生物究竟是什么，还有待于科学家来揭谜。

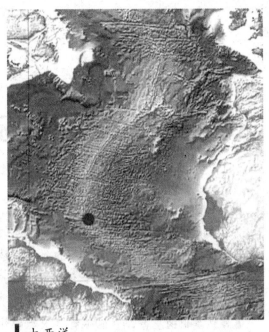

▌大西洋

人类发现太空生物

生命存在需要空气，这是人尽皆知的事实。生命只有和外界空气发生气体交换才能得以其成长和一切活动的进行。而美国的科学家突然发现了一种可以在真空下存活的生物——水熊，它能够在真空无水的状态下存活十年之久。由此，人们可以大胆推测：或许宇宙间存在着许多类似的生命，它们不需要水和空气，而他们发展的状况更为高端，可以创造文明……如果这一切猜想都成立的话，那么关于外星文明的存在似乎已经成为一个不争的事实了。

欧洲科学家声称发现了一种可以在太空真空环境中生存的动物——缓步类动物，也被称作水熊。不仅仅是太空，它们中的一部分还可以同时在真空和太阳辐射条件下生存，这是人类迄今为止发现的唯一一种可以在双重严酷条件下存活的动物。

人类、大猩猩和犬类都可以在太空生存，但仅仅是几分钟。几分钟后，这些动物肺内的空气开始膨胀，血液中的气体开始变成泡泡，嘴里的唾液也开始沸腾。但是，相对低等的菌类、地衣类植物则可以在太空中长期生存，地心引力的缺失和强烈的温差对它们的生活没有多大影响。缓步类动物的体形很小，在显微镜下才可以看到，幼虫的身体只有0.5毫米长，成熟后也只有1.5毫米。它们分布在地衣类、苔藓类植物、土壤、山顶和四千米的深海中。鉴于它们生存的苔藓类植物环境很容易干燥，在没有湿气的情况下，缓步类动物

■ 广袤太空中可能潜藏无限生机

也能存活十年以上。除此之外，缓步类动物还对太阳紫外线具有高度的抵抗能力。

天体生物学家之一彼得拉·雷特贝格说，"我们发现，这两种缓步类动物在太空环境中都生活得很好，和在地面上没有多大区别。但是遭受太空环境和太阳辐射双重考验后的样本，存活率很低。"实际上，当最终被放回水中的时候，暴露在太空环境和太阳辐射双重考验下的缓步类动物只有百分之十存活了下来，并且，所有的幼虫都没有孵化出来。但是，华声在线的总编辑荣松说，"尽管如此，这也是人类迄今为止发现的第一种在双重暴露下，仍然有样本存活的动物。"雷特贝格推测，可能是缓步类动物的外层，即皮层，可以帮助它们抵御太阳辐射。

一部分缓步类动物赖以生存的地衣类植物也可以在太空环境下生存。荣松说，"如果保护这些缓步类样本远离太阳辐射，它们可以在太空中存活几年。但是问题是，飞船进出大气层时会产生巨大的喷射力，这些样本也受到了影响。"飞船进出太空大气层产生的灼热感和一个石块进出行星大气层产生的摩擦大致相当。

　　星际旅行可能会花费几百万年的时间，人类目前并没有能力进行如此长期的实验。但是，至少有一部分缓步类动物在星际旅行最开始的十天里可以完好地生存。测验缓步类动物生存能力的真正问题是寻找一个合适的环境。荣松说，"只要找到一个比太空温和一些的环境，缓步类动物就可能繁殖、生存。"

太空生物——水熊

神秘的光束是
外星人发出的吗?

> 天空中时而出现光束,而有些光束出现时神秘莫测,这些光束据说还会有奇特的作用——甚至能置人于死地,那么这些神秘的天外光束到底是从何而来?难道又使外星人的杰作吗?

1981 年 10 月 17 日的傍晚,在巴西的北部的帕讷拉马的小城镇里有一个名叫里瓦马尔·费雷拉的人打算和他的朋友阿维尔·博罗像往常一样去森林打猎。他们两人来到猎物经常出没的地方,分别爬上一棵矮树,埋伏了起来。突然,他们发现空中有一个东西在移动,那绝不是流星,因为这个发光物变得越来越大,他们终于看清那是一个像卡车轮子一样的飞行物,它向四周发出强光,把他们埋伏的周围照得亮如白昼。费雷拉惊恐万分,慌得从树上摔了下来。他同时看见一束光正射在阿维尔的身上,吓坏了的阿维尔发出尖叫声,身躯也哆嗦起来。费雷拉则更是恐慌无措,吓呆了好一会儿之后才回过神来撒腿就跑。

第二天早晨,还依旧没有从恐慌的阴影中走出来的费雷拉去阿维尔家,发现阿维尔并没有回家。他和阿维尔的家人赶快一起来到那个飞行物出现的地方,找到了阿维尔的尸体。他死了,他的脸色惨白,神色惊恐,他身上的血液全都没有了,就好像一只巨大的吸血蝙蝠把他的血全都吸光了似的。眼前的这一切把所有的人都给惊呆了，可怜的阿维尔就这样悄然无息地死掉了。

这件事发生后的第二天，同样的事情又发生了。当地的另外两个人——阿维斯塔西奥·索萨和雷蒙多·索萨去狩猎时，他们穿过一片树林，忽然听到头顶上有一种奇怪的声音，抬头一看，距树梢有几米高的地方有一个黑乎乎的、像一架直升机似的东西一动不动地悬停在空中。然后，一束光从那东西中射出，直射在他俩所站的那片地面上。两名猎手转过身子，撒腿就跑。突然，雷蒙多在一个树根前跌倒，继而便直挺挺地躺在地上。此时，阿维斯塔西奥惊愕地看到，那束光正一点点地朝雷蒙多的身子移近，最后射在了他伙伴的身体上。然而，机敏的阿维斯塔西奥抛下了伙伴，一口气逃回了家。次日清晨，人们发现了雷蒙多的实尸体，从整个事发的过程以及结果来看，这一前一后两件事发生的情况是一模一样的，死者雷蒙多身上的血也是被吸干了。

不久以后，又有两人在类似的情况下死去：一天，一个名叫迪奥尼西奥·赫内拉尔的人正在山顶上干活，突然，一个不明飞行物发出来的光束射在他身上。这个不明飞行物是突然出现的，当时他连一点声响也未听到。他像是被雷电击中一样，被打倒在地上，从山顶一直滚到山脚，他挣扎着站了起来，回到家中，三天以后，他就在精神失常的状况下死去了。接着又发生了第四起类似事件。一个名叫何塞·比希尼奥的人正陪着另一个名叫多斯·桑托斯的人去打猎，不明飞行物以及它的强烈光束又出现了。面对不明飞行物的威胁，何塞曾向它放了5枪，但它却丝毫没有受伤的迹象，他赶快逃了回来。而多斯却被光束罩住，硬邦邦地倒在了地上，甚至没有发出一点声音就死去了。

1988年12月的某一天在土耳其的曼尼沙市发生的一件事更加让人感到奇怪。那天城市上空突然出现了一只闪烁着绿色光辉的圆盘形不明飞行物，在空中盘旋停留的时间长达一小时左右。该市的许多居民都目击了这一现象，甚至还摄下了照片。令人难以置信的是，在目击者的人群中，有22名患有痼疾的病人，不论当时是在室外还是室内，事后竟然都霍然而愈，恢复了健康。这些病人中，有个耳聋的男子一下子恢复了听觉，有个失明的妇女恢复了视力，有个靠氧气袋维持生命的女孩也从死亡边缘活了过来。

当地一位名叫尼迪的医生大感不解，他为此遍访了那些幸运儿，发现治愈这些病的"大夫"原来是外星人上发出的绿光。伊尼莎的丈夫中风瘫痪多年，一直卧床不起，他是尼迪医生的老顾客。伊尼莎告诉尼迪医生说，当外星人发出的绿光通过窗户射到床上的丈夫身上时，奇迹便出现了。病人僵硬的双腿突然缓慢地移动，手指也有了感觉，随着便试着下床，居然可以站立，并且开始走动了。当时，她简直不敢相信自己的眼睛。另一个名叫卡马尔的瘫痪病人，在事发的第二天竟走动如常。这些不可思议的怪事传到了首都。安卡拉公立医院的一批医生赶到曼尼沙市，挨户拜访了那些不治而愈的病人，得出的结论是：使他们恢复健康的是空中来客的绿光。

这些莫名其妙的光束既能像吸血鬼一样把人把人血活活的吸干致死，又能把久治不愈到底病人从病魔中解救出来，这些耐人寻味的古怪事件接二连三地发生，许多研究人员对此十分关注，绝大多数人推断这些光束杀人事件很有可能是外星人所为，但到底真实情况是怎么回事呢？也没有人能真正把它说清楚。

外星人真的存在吗

人类同外星人较量过吗？

　　人类无疑是地球上生物的主宰者，但是，在未知生命的探索旅程中，人类也为追寻外星生命做过很多的努力，人类企图对外星人发起挑战，那么最终的结果会是怎么样的呢？我们很期待……

外星人虽然不是地球的主宰者，但是，他们却经常造访地球，这些来历不明的"宇宙访客"却能以人类望尘莫及的神奇速度来无影去无踪，似乎在地球人面前炫耀他们的威力。因此在历史上，却传闻曾有过地球人主动攻击外星人的许多尝试，以此来威慑这些"不速之客"。

　　在 1942 年 2 月 25 日，美国洛杉矶出现了 20 多个发着耀眼强光的外星人驾驶的飞碟。美国空防部队立刻向这群"不速之客"发起猛攻，共发射 1400 发高射炮弹，但是，最后这些外星人的飞碟并没有受到丝毫的损伤。

　　1947 年 7 月 2 日，在美国新墨西哥州的罗斯韦尔市附近，一个外星人驾驶的飞碟被美国空防部队击落。在离它坠毁的地方 3.2 公里处发现 4 具短小类人生物的尸体。据研究人员分析，这些类人生物大概是在飞碟遇难的一瞬间被飞碟上的失事自动弹射装置弹射出来的。这 4 具尸体损伤不堪，经过医学专家们的细致解剖以及研究之后，发现这些矮小类人生物的生物学特征与我们地球人类的差异很大。1987 年，在华盛顿举行的"国际 UFO 学术研讨会"上由官方正式向外宣布了这条消息。当时这则消息轰动了整个世界，这也吸引了更多的人加入了研究外星人的行列。

20 世纪 50 年代初，在苏联远东地区，外星人的飞碟也曾遭到地对空导弹的攻击。前苏军飞行员科拜金，在一次飞行时试图驾驶歼击机穿越一团形状酷似圆盘状外星人飞碟的云层，但是没等接近它，此时整架飞机如同瘫痪似的无法驱动。科拜金只感到耳机里响起刺耳的嘈杂声，耳朵开始痛起来，那感觉就像在陨石雨中穿行一样，于是他只好摘下飞行帽，全身难以招架这突如其来的折磨，还没等飞到那团云层，就被迫返航了。之后，才得知其他职员当时也有同样的感觉。

20 世纪 70 年代，两架"幻影"式战斗机在伊朗首都德黑兰上空试图追击一个外星人的飞碟，可是，当飞碟一进入机载导弹有效射程时，机上的导弹电子发射系统突然失灵了，当它们之间的距离超出有效射程时，一切又恢复正常。

1972 年秋，挪威海军在不明潜水物经常出没的水域里投下数颗深水炸弹，想把这些水下"不速之客"驱出水面。奇怪的是，海军连续活动了几次也毫无收效。就在这时，不知从哪儿钻出一些神秘的外星人飞碟，它们在挪威海军上空盘旋了一阵之后，军舰上的所有电子装置突然全部出现故障。而那些不明潜水物却早已逃之夭夭。后来，挪威海军又向一些不明潜水物发射了命中率极高的现代化"杀手"鱼雷。但是，出乎意料的是，这些本来给予厚望的鱼雷却并没有派上用场，还没有击中目标就一下子消失得无影无踪了，这令人多人大失所望。

前不久从南非空军的一份秘密代号为"银钻石"的官方绝密报告中透露：在 1989 年 5 月 7 日，一个飞行速度竟高达每小时 1 万公里、正朝非洲大陆方向飞去的一个飞行物被美军的雷达监测到。美国驻南非海军航空兵部队当即派出 3 架战斗机对其进行拦截。可是，那个不明飞行物却出人意料的速度突然改变航向。3 架战斗机穷追不舍，机上新装备的实验激光炮终于将它击中，它最终坠毁在非洲撒哈拉沙漠距南非与博茨瓦纳边界 80 公里处。在不明飞行物坠毁地点形成一个直径 150 米、深 12 米的大圆坑，圆坑倾角 45 度。一个直径 20 米、高 9 米的银灰色飞碟"侧卧"在坑里。它坠毁时撞击地面产生的惊人高温使圆坑四周的沙土烧焦了，其周围自然形成一个无菌区。令人迷惑不解的是，当军事人员来到飞碟坠毁现场进行调查时，从坠毁的飞碟里突然传出一种奇怪的嘈杂声，接着，从飞碟下部自动打开一扇舱门，有两个类人生物从里面走了出来，他们从这里一直朝美国空军基地的一所军医院走去。美军人员当场将这两名幸存的外星人俘获，并把他们押解到美国驻南非的莱特帕德逊空军基地，准备对其进行研究。可是，美国生物医学研究小组的专家们发现，他们无法从外星人身上获取血样和皮样进行深入研究，因为这两个外星人极富顽抗性，他们像猴子一样把医学专家的脸部和颈部都抓成重伤。对这两个外星人的研究结果表明，他们都不食生物，不吃任何食物，在飞碟中也未发现任何食品储备。他们的身高为 1.2～1.35 米。蓝灰色而柔软的皮肤富有弹性。脑袋上没长任何类似头发一样的东西，但头却比我们地球人的大很多。在整个头顶周围还长有深蓝色斑点。一双大眼睛翘向太阳穴两侧，没有眼皮。鼻子却很小，只有两个向上翻的大鼻孔。嘴极小，无唇。耳朵很难分辨出来。脖子较我们地球人的细得多。手臂细长垂至膝盖。每只手掌上长着 3 个指头，而且指间有蹼。胸部和腹部布满皱褶。腿又瘦又短，脚上也长着 3 个脚趾，趾间也有蹼。但奇怪的是没发现有任何生殖器官。

　　1991 年 6 月 29 日，在南太平洋上空，一个飞碟悄悄接近美国空军正举行军事演习的场地进行"偷看"，当场被美国空军参加演习的歼击机击中，它在菲律宾南端苏禄群岛区域坠毁。这一天，一架美国军用直升机突然在菲律宾南部小城三宝颜北部的一所医院附近降落，五名全副武装的美军人员匆匆来到院长办公室命令道："马上给一名特殊'重患者'腾出一间专门病房，并要求医务人员对此事绝对保密，若有谁将此事真相透露出去，就要倒霉了。这时，那个特殊"重患者"被担架抬进病房。医院的医学权威戴·罗萨里奥教授亲自参加了对这名"重患者"抢救的整个过程。当他掀开担架上的蒙布时，顿时大吃一惊！原来，这个"重患者"是个外星人。前来护送的美军人员不听任何解释的命令道："你们无论如何得把这个'猴子'救活！"罗萨里奥教授亲自为这个外星人进行了全面检查，检查的结果是：锁骨骨折，左腿和胸部受伤，但没有摸到脉搏——这并未使医务人员感到惊讶，可是，令人百思不解的是，竟没发现这个外星人有心脏。

通过对这个外星人做了接骨手术以及拔去子弹的手术之后，医务人员把受伤的外星人放进一个50年代制的"铁肺"人工呼吸装置中，因为要想让他独立呼吸已相当困难。全院医务人员都被动员起来抢救这位受伤的外星"使者"。几小时后，当外星人自觉好些时，美军人员立刻把这个外星人连同那个人造"铁肺"呼吸器一起搬上军用直升机运走。据说，这个遇难生还的外星人后来被送到马尼拉附近的一个秘密军事基地。但是至于后来哪个外星人的生死如何，我们就在再也没有获得过关于他的消息。

但是对于此类与外星人发生对峙的消息公布后，在很多专家中引起强烈反响，他们认为这根本就不可能，纯属不切实际的杜撰。

但是也有科学家们告诫说："外星人的真实存在及其对我们地球文明的渗透和干预已成公认的事实。他们在科学技术的各个领域比我们发达得多，我们地球人在他们的眼中不过是亚马孙印第安人的原始部落，甚至比那还要落后和愚昧。所以，外星人正在冷眼看我们，对同地球人的接触持相当慎重的态度。但外星人不会无缘无故侵袭地球，不过，我们不应刺激外星人，否则会招惹灭顶之灾。"

那么，对于外星人是否真的和我们地球人较量过的这些消息，我们对此听得乐不知疲，但是这些事情的真实度到底有多高，我们也不知道，只能待有更加权威的机构对此类事件做出合理的、真实的公布之后，我们才能明白。

美国著名而隐蔽的 51 号区

> 美国力图控制外星人信念的说法早已不胫而走。而一些人甚至提出相关的证明，证实这一说法的可信性，美国 51 号区就是一例。它存在于美国的内华达州，多年来一直向外界封闭，人们不知道里面有些什么。但是据一些知情人士称：这是美国藏匿外星人存在证据的信息的地方。包括罗斯维尔事件中坠落的外星人遗体和世界各地秘密捕获的外星人都在这里……可是美国一直否认这个说法。51 号区已经成了神秘外星人隐居地的代名词。

据说在美国内华达州有一个地方，每一届新任美国总统都要巡视一次，这里由于其神秘被称为"绿屋"——这就是美国神秘的 51 号区。在那里，各国国家元首可以看到冷藏的外星人尸体。

位于内华达州的 51 号区是一个神秘且隐蔽的美军基地。有人相信，传说中的"绿屋"就位于这个区域。据猜测，外星人残留物被保存在这里。51 号区严禁陌生人进入，军方更是拒绝向外界透露任何有关这一区域的秘密。卫星照片显示，有一条庞大的环形飞机跑道横跨这个军事区域。UFO 研究家相信这里就是地球与外太空文明的联络站。著名的罗斯维尔事件所发现的外星人实地和飞船就被隐藏在这里，而且这里保存的外星人尸体已经达到三十多具。

另据报道说，球形、三角形和盘子形的 UFO 已经在这一区域出现

美国内华达州一景

过多次。相关的照片和录像也证实了这一点。几年前，布什总统曾下令从内华达州收回对 51 号区的管制权。目前，该基地直接听命于五角大楼和美国政府。

更令人注意的是，十年前，民用飞机被禁止在这一区域的上空飞行。三十年来，51 号区一直吸引着全世界的注意力。但对于传说中的这一神秘区域的信息是否存在真实性，美国政府则一直没有发表过任何言论。

外星人真的存在吗

65

外星人曾经阻止人类登月？

外星人未解之谜

> 　　人类登上月球，是人类历史上一个辉煌的壮举，它标志着人类向宇宙迈进的第一步。然而这个壮举不仅得到了地球人的广泛关注，更得到了"外星文明"的关注。从登月之行开始，围绕登月和外星人追踪的报道就层出不穷。人们认为，外星人关注着地球科技文明的每一步发展。他们害怕人类的文明达到或者超过他们的水平，所以派出飞碟来监控，更有甚者，有人还提出外星人曾经试图阻止人类登月。这是真的吗？

随着各国最新一轮登月计划纷纷出炉，月球重新进入人们的视野。作为世界上第一个登上月球的国家，美国的行动备受瞩目。但是近日俄罗斯专家称，美国当年在外星人的干预下草草结束了登月计划。

　　数十多年前，美国宇航员曾数次登上月球，就在马上就要揭开月亮秘密的时候，美国突然停止了登月计划，并大幅调整太空计划。这是为什么呢？

　　俄罗斯国家电视及电台广播公司曾播放一部解密纪录片。在片中，一位天文学家和不明飞行物专家称，在美国实施阿波罗计划的时候，外星球文明一直给予了持续的关注。当美国人登上月球后，那些已经在月球上登陆的绿色外星人警告美国人离开月球，最终导致美国终止"阿波罗计划"。

　　制作这部纪录片的是俄罗斯莫斯科大学数学教授兼物理学家弗拉基米尔·阿札札和天文学家叶夫根尼。他们表示，地外文明一直暗中监视美国阿波罗飞船的行动。比如纪录片中显示，一个发光物体紧紧跟随在一艘美国太空船的后面。

美国首次登月的宇航员阿姆斯特朗和两位同伴

据俄《真理报》报道，美国阿波罗计划的宇航员看到外星人的巨大采矿机器以及外星船，并拍下照片。另外，在登月后原本美国政府授意宇航员宣布：月球属于我们（即美国），但是两位宇航员却莫名其妙地说成我们是为了和平而来。根据多年后一位宇航员的说法，是因为感受到停泊在那里的外星船的威胁而改变了说法。

《真理报》称，当美国人的月球登陆车破坏月球弹坑时，生活在月球上的"生物"开始显示它们对美国人的愤怒。绿色的月球生物警告美国人"回家去"，因为它们想保持隐藏在月球地下用来观测地球生命的秘密基地。美国国家航空航天局害怕与高级文明发生冲突，立即停止了所有探月行动。

这部纪录片还出现了美国宣称已经丢失的一些场景，比如宇航员登陆月球时的情景，第一位登上月球的美国宇航员尼尔·阿姆斯特朗在月球表面行走的场景等。

20世纪70年代末，纪录片被美国国家档案局移送到国家航空航天局，随后它就失去踪影，航空航天局最后只找到十部纪录片。俄罗斯专家认为，这实际是中情局想要遮掩美国宇航员与外星文明联系的伎俩。

67

天文学家称人类二十年内有望接触外星人

尽管一直没有确凿的证据，但是人类探索外星文明的行动从来没有停止过，从20世纪初的向外星文明发射信号，到向太阳系内的类地星球发射卫星和探测器，人们一直在积极寻找着有关外星文明存在的证据，并且希望他们有一天能够和我们对话……而又有科学家称，以人类目前拥有的技术和手段来看，人类在二十年内有望联系到外星人。或者就在不远的将来，我们可以和外星人一起乘坐飞碟遨游太空。

2003 年 11 月 5 日，美国的"旅行者 1 号"太空探测器携带了一个录有 55 种语言和 90 分钟的音乐集锦的磁碟向外星智能生物转达地球人的宇宙问候。

据英国《每日邮报》消息：著名天文学家宣称，人类将在二十年内与外星智能生物接触。最近在我们的太阳系外发现类似地球的行星，以及美国太空总署 2009 年的一次重要太空任务，使得人类朝着与外星人联系迈出了一大步。

外星人

在英国广播公司播出的纪录片中，美国天体物理学家弗兰克·德拉克说："一切都使我们变得更乐观。"德拉克曾于1961年开始寻找外星智能生命计划，他说："我们确实相信大约未来二十年内，我们可以大量了解地球以外的生命的情况，我们很有可能会在银河系某处发现生命，甚至是智能生命。"

近半个世纪前，德拉克发明了一种方程式，用来估计银河系的外星人的数目。这种计算法，把七个因素考虑在内，包括在银河中诞生的恒星的比率、大约多少恒星中有多少行星、它们是否可以居住以及猜测一种智能生物可以生存多久。

虽然各人对上述方程式的回答各不相同，但是德拉克说平均而言，估计银河系中存在着一万种有先进技术的生命形式。很多专家都驳斥这种理论，但是瑞士一个科学小组在太阳系外发现两颗可以支持生命的行星，分别称为"格利塞581 c"和"格利塞581 d"。美国太空总署2004年发射的"开普勒"太空望远镜，在四年太空任务期间反复扫描十万颗星星，以及在恒星周围的可居住地带探测是否有地球一样大小的行星。

69

宇宙星体

"奥利维亚星" 生命猜想

外星人未解之谜

> 宇宙中有生命吗？当然有，只是人类还没有发现它们，这是大多数科学家对外星生命存在的回答。以人类目前的科技手段和运输能力，还不足以去发现这样的星体。但是，许多科学家根据卫星拍摄的图片和观测到的天文资料模拟了这样一颗和地球环境相似并存在生命的星体，称之为"奥利维亚星"，奥利维亚星是众多有生命的行星中的一颗，但是却是人类能够探索的宇宙中生命存在星体的"第一颗"。

在某个红矮星的轨道附近，有一颗很特别的行星。它的一半是黑暗的冰封世界，另一半则永远充满阳光。这是一个没有日落的国度。空气中回响着奇怪的心跳声。这里的植物已经变成了动物。环礁湖中，聚集着大批致命的掠食动物……这是幻想吗？未必。有科学家相信，人类在十年之内就能找到这样的星球。科学家正在为未来可能获得的发现做准备。

外星生物存在吗？当然存在。美国国家航空航天局迈克尔·迈耶教授说，很难相信宇宙中没有其他生物，关键是人类能不能发现它们。

银河系中约有一千亿颗恒星，也有至少同样多的行星。它的范围极大，以光速前进也要花十万年，才能从一端到另一端。但宇宙中有超过一千亿个与它类似的星系。而我们只知道一个行星上有生命。它就是地球。

美国国家航空航天局将在未来十年内发射"类地行星发现者"。它的倍率超过以前所有的太空望远镜，科学家将用它来寻找银河系中环绕恒星的、大小和地球一样的行星。

他们的首要目标是小而暗淡的红矮星。红矮星的光线强度只有太阳的十分之一。"类地行星发现者"将会探测到距离地球不到五十光年的恒星。有趣的是，这类恒星中有百分之八十都是红矮星。因此科学家们相信，发现的第一批适合生物生存的行星就在红矮星附近。

一些天文学家认为可能存在的世界是这样的：在距离地球四十光年以外的地方，一颗红矮星在太空深处闪耀。一个地球大小的行星围绕它运转。这颗行星很接近它的太阳，因此表面有液态水，但太靠近太阳也有坏处。它被恒星的引力锁定、停止了自转。它的一半处于永久的白昼之中，另一半则永远是黑夜。过去人们认为，环绕红矮星的行星不适合生物居住。因为它背阳面的大气会被冻结，而向阳面的大气会蒸发掉。但在最近的创新研究中，科学家决定调查这种行星是否适合生存。

英国气象专家马诺奥·乔希博士用计算机大气模型做了深入的研究，进行了一些基本测试，了解大气在哪些情况下会冻结，在哪些情况下不会。所有细节都被输入到模型的程序中，接着就让模型自行运

"奥利维亚星"上怪异生命

转。我们第一次模拟出了环绕某个恒星的行星的详细天气状况，在地球上我们就是这样预测天气的。他们证明了这个新行星上可能有大气和生命不可或缺的液态水。一颗新的行星诞生了，他们将它命名为"奥利维亚星"。

"奥利维亚星"适合生物生存吗？它的黑暗面是一大片冰冻的荒原，永远处于黑暗之中。那里没有光线，温度在冰点以下，生物将难以在此立足。在它的亮面，最接近太阳的地方，气候模型预测会有一个永不消失的大气旋。这里有横扫大地的飓风和永不停止的倾盆大雨。但在风暴区和黑暗面之间，计算机模型预测，会有一个气候温暖稳定的地带。这里有海水和陆地，科学家认为，这里很可能会有生物。科学家兴奋地发现，连树都可以在这个温度范围内生存。

"奥利维亚星"，一个生机勃勃的世界。发源于风暴区的河流，呈扇形流过巨大的三角洲，为广大的环礁湖区带来生机。大批怪异的扇形生物，朝着红矮星的方向生长。这颗恒星永远不会移动、也不会落下。这里永远都是白昼。

扇形生物慢慢爬过泥地。它们的心跳声在森林中回荡着。水下，一位杀手正在苏醒。

这些是刺扇。它们看起来像植物，其实却是会利用阳光的动物。它们慢慢爬过泥地，互相推挤，争夺阳光更充足的位置。它们的主要活动就是吸收阳光。如果阳光被挡住，它们就活不下去了。它们不能像树那样，长得比挡光的东西更高，只能慢慢地左右一点点移动，因此行动对它们非常重要。

它们就相当于"奥利维亚星"

奥利维亚星

上的植物，高度超过 10 米，靠扇面吸收太阳能、产生糖。它们原始的心脏将养分输送到身体各处。在这个太阳从不移动的世界上，生物对阳光的争夺十分激烈。

刺扇看起来真的很诡异，它既是植物，又是动物。但在地球上，也有些同样特别的生物，例如珊瑚、水母，甚至蛞蝓之类的一些软体动物，从某种意义上讲，它们都有不劳而获的本事，光合作用能提供它们所需要的部分养分，这就是共生。

"奥利维亚星"上的所有生物都最终依赖刺扇维生。但刺扇还不是这里唯一奇怪的生命形态。还有大胃猪。它是"奥利维亚星"上最大的食肉动物。大胃猪直立时有四米半高，体重跟水牛一样重。

任何有生命的地方，都会有些生物能够影响并永远改变地貌。只要有生物圈存在，不管在银河系的什么地方，就会有生态系统。"奥利维亚星"上有一个关键物种。它们就是泥足虫。

它们不知疲倦地搬运泥土，使刺扇倒下。它们是"奥利维亚星"的伟大工程师。它们修筑的水坝让大河流速变慢。它们创造了大片错综复杂的环礁湖，为外星生物提供了富饶的栖息地。它有六条腿和强壮的铲状头部，生来就是建造水坝的高手。

"奥利维亚星"永远沐浴在阳光中。这里似乎是生物最理想的生存环境。但是，红矮星很不稳定。"奥利维亚星"的最大问题，就是所有红矮星实际上都是耀星。它会突然爆发耀斑，耀斑会在几分钟内达到最大亮度。耀斑的光芒会照射在行星的整个白昼半球上。

恒星会发射出强烈的紫外线。不出几分钟，"奥利维亚星"就会受到这些致命紫外线的强烈照射。空旷地区的泥足虫正暴露在危险中。它们薄薄的皮肤无法抵御紫外线的照射。"奥利维亚星"上的任何生物都必须对所有的耀斑活动，做出应急反应。

在任何有生命的地方，生命都会无孔不入地扩散，演化成各种各样相互竞争的物种。各处生物都会经历繁殖、突变和自然选择的过程，它们会经历这种被称为达尔文进化论的演化过程。这个过程就像万有引力和相对论一样普遍。外星球上也有掠食动物，有猎手和猎物。猎食是地球生命进化的主导力量。在"奥利维亚星"上也是如此。

一个复杂的生物链出现了。每一种生物都要靠另一种生物维生。在陆地上，大胃猪是最高级的掠食动物。但环礁湖却是另一种致命生物的地盘——歇斯底里虫。这些小小的生物看起来很无辜，它们在水中盘旋，以微生物为食。一旦食物变得稀少，独居的歇斯底里虫就会进行可怕的变身。它们会聚集成百万大军，一个幽灵般的形体出现了，歇斯底里虫聚集得很紧密，形成了一个超级有机体。

红矮星不仅能摧毁生命，也能孕育生命。红矮星的寿命虽然不算很长，但也是相当长的一段时间。它们可以长期地存在，寿命比太阳还要长。所以这里必然成为生命的实验场，实验持续的时间几乎长得无法想象。

我们的太阳只有一百亿年的寿命。但"奥利维亚星"的太阳的寿命，却比我们的太阳长十倍。科学家构想出了它在五十亿岁时所拥有的生命形态。生命还有如此漫长的时间可以进化，未来会是怎样呢？

"奥利维亚星"还有一千亿年的进化时间，这里的生物或许会具备极高的智能。

"类地行星发现者"是美国国家航空航天局的下一项重要任务，它将会对准太阳系附近类似太阳的数百颗恒星。既然与"奥利维亚星"类似的红矮星行星适合生物栖息，那么我们就有了数以千计的目标。寻找外星生物已不再是遥不可及的梦想，人类或许能够找到一个类似"奥利维亚星"的世界。

奥利维亚星上怪异的生命

金星上的"城墟"

　　金星是太阳系行星中八大行星中的第二颗，是距离地球最近的行星。它是太阳系中亮度仅次于月球的行星。人们一直以为金星的化学物理状况和地球相似，发现生命的可能性较大。而从1950年起，人们通过望远镜和发射探测器发现，金星的自然条件比火星还要严酷，不可能存在生命。但是近期，人们竟然从一张探测器发回的照片上，发现金星表面有类似古遗址的"城墟"出现，这不禁让人们瞠目结舌……

19**88**年，苏联宇宙物理学家阿列克塞·普斯卡夫宣布说："发现于火星上的'人面石'同样也存在于金星上。"在欧洲，人们出于对明亮金星的喜爱，把金星称为"维纳斯"（美和爱的女神）。在中国，古人称金星为"启明星"或"长庚星"。因为黎明和夜间，它分别在东方和西方出现，如同担负着承守昼夜的神圣使命。

　　但是据人类目前所知的，金星则没有人们想象的那么美好的自然环境，甚至比起火星来都要严酷得多。金星表面温度可达到500℃，它的大气层中含有90%以上的二氧化碳，空中还经常落下毁灭性的硫酸雨，特大热风暴比地球上12级台风还要猛烈数倍。从1960～1981年，美苏双方共发射近二十个探测器，但仍未认清浓厚云层包裹下的金星真面目。

　　苏联科学家尼古拉·里宾契诃夫在比利时布鲁塞尔的一个科学研讨会上曾披露过对于金星的重要发现。1989年1月，苏联发射的一枚探测器穿过金星表面浓密的大气层，用雷达进行扫描，之后将照片传回地球。

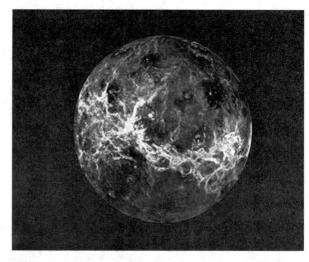

金　星

这些照片使科学家们大为吃惊，经过深入分析后，认为是金星上的万座城墟。

里宾契诃夫博士在会上说："那些城市全散布在金星表面，我们不知道是谁建造了它们……我们绝对无法在金星生存片刻，但一些生物却做到了，并留下了一个伟大文化遗迹来证明。"

这位苏联科学家具体介绍说："那些城市的布局像一个车轮，中间的轮轴就是大都会所在。根据我们估计，那里有一个庞大的公路网就像车轴一样将所有城市连接起来，它们和中心大都会之间的交通非常便利。"那些城市都已经倒塌，显示出它们已建成有一段极长的日子……目前那里没有任何生物，所有最保守的估计，就是那里的生物已死了很久。"

由于人类无法适应金星表面的环境，所以派宇航员到那里实地调查根本就不可能，只能用无人探测飞船去看清楚那些城市的面貌。

美国发射的探测器也发回了有关金星城墟的照片。经过仔细辨认，那两万座城市遗迹完全是由金字塔状建筑物组成的。每座城市实际上就是一座巨型金字塔，在表面没有发现门窗，估计出入口可能开设在地下。这两万座巨型金字塔摆成一个很大的车轮形状，其间的辐射状大道连接着中央的大城市。

研究者认为，这些金字塔式的城市对高温严寒一概不惧，再大风暴也奈何它不得。

　　既然金星和火星上都发现过"人面石"建筑，而这种建筑似乎又是一种警告标志，科学家们就不得不把金星与火星看成是一对经历过文明毁灭命运的"患难姐妹"。据推测，八百万年前的金星经历过和地球相似的演化过程，应该有智能生物存在。但由于发生了强烈的温室效应，温度持续升高，大量的水蒸发成云气而散失，最终彻底改变了金星的生态环境，导致生物绝迹。

　　金星城市的废墟中，究竟会隐藏着怎样的难以琢磨的秘密呢？这只有等待人类未来的实地探测了，但愿这一天并不遥远。

工程师根据金星城墟画出的模拟图

地球北极有外星生命的种子?

众所周知,地球的两极是地球上最广泛,也是地球上唯一没有人类居住的地方。但是,正是因为它偏僻,隐藏着许多未解之谜并等待人类去开发。它或许就是蕴藏人类未解之谜答案的"金钥匙"? 有些科学家大胆断言:寻找外星生命应该从地球的北极开始。

对于生活在地球上的人类来说,寻找外星生命永远都是一个让人着迷的话题。然而,像E·T·那样骑着自行车的外星人,似乎是那样的遥不可及。不过,科学家近日却表示,我们要寻找外星生命,也许不用到太遥远的宇宙中。在这个地球上最为偏僻的一个地方——北极,也许就存在着这种外星生命的影子。

加拿大卡尔加里大学北极环境研究所所长贝诺特·比彻姆表示,尽管这些微生物生活在地球上最偏僻的一个地方,但它们也许能够为我们寻找宇宙中最近的邻居,提供一把打开大门的宝贵钥匙。

埃尔斯米尔岛到处是蜿蜒的冰山和四处蔓延的冰河,年平均气温只有零下20多摄氏度。在这片人迹罕至的辽阔岛屿上,保存着一些自然界的奇迹,比如在早些时候刚刚发现的有脚的鱼化石。而比彻姆发现的黄雪,也是这种自然界的奇迹。

比彻姆第一次发现这片黄雪堤,还是在十年前。当时他发现,有许多小泡从黄色的小孔中不断冒出来——那是堆积在冰河表面的大片硫黄，这时他才意识到，这是一个硫黄泉。比彻姆知道，这个现象非常罕见，尤其是出现在冰河上。不过，他还需要地质化学家的帮助，才能更好地理解这个现象。1999 年和 2001 年，加拿大地质调查局的地质化学家史蒂夫·格拉斯比，曾两次到这片硫黄泉的所在地进行考察。格拉斯比对这里的水质进行测试后发现，在硫黄泉中生长着二十多种不同的微生物。虽然这里的环境非常恶劣，但却孕育了能在极端寒冷的气候下生存的多种生物体。

虽然在这种环境下要获得氧气并不是件容易的事情，但微生物可以通过化学还原过程，从冰河的硫酸盐矿物中获得这种生命必需的元素。这个过程能够产生氧化硫，而氧化硫一向以其臭鸡蛋的味道和鲜艳的黄色而著称。

2003 年，比彻姆和格拉斯比将这一重大发现发表在科学刊物上，很快引起了美国航天航空局（NASA）的兴趣。行星科学家们发现，埃尔斯米尔岛上的严寒气候，与土星的一个冰雪覆盖的"月亮"——

北　极

土卫二上的表面环境惊人相似。和埃尔斯米尔岛一样，土卫二上也存在着氧，而且科学家一直怀疑土卫二上也有硫黄。不仅如此，科学家还一直认为，在土卫二也存在一个由水或是其他液体构成的海洋，表面的冰都漂浮在这个海洋上。综合所有这些因素，科学家认为，土卫二应该是寻找外星生命证据的最佳地点，而比彻姆发现的硫黄泉则是地球上的最佳土卫二模型。

北极浮冰

是外星人访问地球吗?

关于"外星人"这三个字永远是人们感到好奇与急切给予关注的话题，人们在探索外星人的存在、发展以及外星人与地球之间的关系方面做出了很大的努力，在地球上出现过许多用现有的科学知识都无法解释的现象，那么，这些现象难道真的就是外星人所为吗？难道外星人真的访问过地球吗？

出于好奇心，人类一直对外星人的存在以及他们是否真的来到过地球上这些问题留有很大的想象空间，许多科学家也对于外星人的相关资料进行了大量的搜索……

著名 UFO 与超自然现象专家希拉利·埃万斯在总结性研究时曾谈及到：飞碟学作为一门科学已经经历过 40 多个风风雨雨的艰难历程，尽管科学家们已经对各种研究资料进行了达 14 万多次的"筛选"，但仍然认为，并没有完完全全找到能够充分用来证明外星人真的存在的事实性资料以及真正的不明飞行物。这说明外星人的存在还有一定的疑惑性。酷爱这一研究的 UFO 学者也承认，有关这方面的报告 90% 是事实存在的，无论东方的还是西方的军界中都有不少刊物登载这方面的各种信息。然而，尽管西方军界通过地面监测和空间飞行监测等手段，记录下大量的 UFO 现象，但是，他们却对自己的研究结果固执沉默。所以，在现在为止，人们对于外星人是人类想象的还是真实存在的问题上还有很大的疑义。

有些研究者虽然注意到 UFO 的特异现象，但他们对此却优柔寡断，试图为此找到一种完全科学和顺其自然的解释。例如：加拿大安大略罗兰大学的心理学家和地球物理学家米合尔·贝辛格借助电脑对大量的 UFO 目击事实进行分析后确认，其中有 85% 的飞碟现象直接发生在强飓风、地震中或活动火山的附近地区。多半在大地摇晃时，如大陆板块相互碰撞时，完全能导致以发光体形式出现的电磁效应。但是，当时人们并没有把这些现象同飞碟联系在一起，却把它归咎于超自然力所为。因为，这些神奇莫测的发光现象同自然灾害和异常大气条件的巧合现象很久以前就有过记载，这些并没有引起人们的关注。

那些"飞碟狂"研究者们胸有成竹地掌握着有说服力的照片和真真切切的目击者的证据，从而把 UFO 看作地外文明发射的星际探测器或至少是外星智能生物的实验或自我表演。这是偶然的还是蓄意的？最后总是要顺便强调一句：它们来自高度文明世界。

科学家们确认，在整个宇宙间，宇宙定律是相同的，所以，据此推断，从星系和行星诞生的时候起直至有机生命的合成，演化途径是相同的。如果我们的推断果真如此，那么宇宙中那些更古老的太阳系就应该在几百万年前经历我们今天科学技术的发展阶段。这正如天文学家弗雷德·霍尔斯推断的那样：是否外星人故意在地球上植下了生命"幼苗"，进而使我们的行星结下文明人类的生命之果呢？或许是外星人在地球生命演化的各个阶段给我们人类以潜移默化的帮助和影响。譬如，数百万年前使猿变成人，并使猿具有人的模样。上述推断无可辩驳的证据是：缺少人从猿起源的这一演化环节。须知，控制遗传基因的方法和人工授精对高度文明的外星智能生物来说不过是举手之劳，就我们目前的人类也能完全做到这一点。

那么如果高度文明的星球上存在智慧相当高的外星人真的来到地球上话，那么，他们为什么不同进行我们频繁的、正面性的接触，而是跟我们人类进行这种类似于捉迷藏的游戏呢？他们真样做的目的又是什么呢？很显然，这对我们来说，无论如何也做不到！然而，我们对地外文明的逻辑学能知道多少？他们或许出于一种纯粹的好奇心注视着我们，难道在他们看来我们地球人果真是所谓"银河系动物园"中的一员？完全可能在地外文明的星际飞船上装备有尚未把与我们的直接接触编入程序的生物机器人。还有一个更伤脑筋的问题：外星人为什么没在地球上留下来访的痕迹？飞碟专家从另一个角度认为，外星人可能已留下痕迹，只不过我们还尚未发现它而已。还有可能外星人留下了大量信息，而对我们来说这些信息将一直隐秘到我们达到更高发展水平时方能破译它。

有些外星人的研究专家也提出了自己独到的见解，他们认为只要我们回忆一下各个时代和不同民族的神话，便不难发现，很久很久以前，天外来客就已在地球上留下古老而神秘的遗迹。印度的梵文研究者在古代手稿中发现对宇宙飞行、火箭发射、航天发射场和核战争的描述。这些手稿用相当精确的技术言语描述出空气动力学外形、飞行时尚、火箭升空的细节，甚至细至火箭推进剂。居住在马里的一些非洲部族世世代代崇拜一颗被他们称作"波托罗"的看不见的神秘星球。许多地方的民族世世代代信奉和传颂着那些来自遥远星球的"上帝"。在许多古老和近代的绘画艺术中，都有对飞行器及其乘员的真切表现。难道是脱离现实的幻想作品吗？其对现实的反映已被许多科学家所证实。

有些考古的发现更加让人感到惊奇，更加不可思议。1900年，潜水员在一个海湾外的水底发现一艘沉船，它大概是在公元前沉没的。潜水员在这艘沉船上发现一个古代"电脑"。原来，它是一个星钟，凭借它能精确地计算出恒星、行星、太阳和月球的方位。数学家和物理学家索拉·普拉斯博士在对这个古代"电脑"研究后写道："这一重大的考古新发现犹如你们在杜坦哈蒙的陵墓中发现柴油飞机一样令世人鼓舞和震惊。"1927年，英国考古学家弗雷德里克·米切尔在古代玛雅人的都城伯利兹发现一个用水晶雕制的人头骨，它以精雕细琢的精湛工艺和栩栩如生的额骨和眼窝,真正使科学家们大为惊愕。如此精确的加工技术只有最新型的现代化磨床机械才能达到,因为水晶矿是一种很脆且极难加工的矿物。然而,这个水晶人头骨至少有1000多年的历史,还可能更久远些。专家对其分析和研究后,排除了用手工加工的可能性,并认为,对这一水晶人头骨的磨削加工至少要花费几百万个小时。这些就连现代技术也自愧不如的发明,在我们人类看来能做到这些真的需要十分发达的技术和头脑才行,在当时的人类发展的社会条件下,我们深感望尘莫及。

古生物学家达格尔博士在美国得克萨斯的一个古老而干涸的河床上发现几个1.4亿年前的人的脚印,这些脚印长0.5米,这说明这些脚印是一个身材高大的人种留下的。而且,在这一迷惑不解的生物留下的大脚印的旁边还留下几个恐龙的足迹。要知道,恐龙时代猿尚未进化成人,这留下人脚印的能是什么生物呢?难道,这正是恐龙灭绝时代与人类诞生之间那块空白的填补吗?

地球上种种难以用现代仅有科学解释的迹象难道真的和外星人有关,难道外星人真的存在,并且来到过地球上吗?我们期待这这个问题的完美答案的诞生……

外星人长什么样

如果外星人真的存在，他们长的什么样子呢？这大概是继外星人是否存在之后人们的第二个疑问。在许多科幻电影和文学作品的描述中，外星人通常被描述成"怪物"般的样貌：一双涂漆的大眼睛，一个硕大的脑壳，细长的脖子，有的甚至有吞噬一切的超能力……有的则把外星人描述成长着蛇发触角的妖怪，能吸血……而真正的外星人究竟是什么样子呢？这就有等科学进步为我们寻找答案了。

外星人的外貌特征

> 如果有一天外星人来到面前，你会被它的样子吓坏吗？人们对于外星人的外貌给予了很多大胆的猜想和推论，但是普遍的观点是：外星人和人类外形相似，有躯干和四肢，只是头比人类大，身材矮小。他们往往具有特异功能，有自己的语言……

自从 1878 年，美国德克萨斯州第一个发现不明飞行物的报道问世以来，人们就对外太空是否有生命充满了兴趣。从据自称见过外星人的人们描述，他们所见到的外星人大多是一些个子矮小、脑袋圆大、嘴巴窄长如裂缝、身穿紧身衣的类人生物。但也有人声称他们见到的外星人是高大的巨人、机器人状怪物、满身长毛的怪兽甚至美丽的裸女。对这种现象，有人认为这些外星人

外星人外貌

不止来自一个星球。另一些人则认为，地球上绝不可能有这么多不同种的外星人同时光临，这种混乱的描述正说明关于外星人的说法是不足为据的。还有一些人认为，这些确有相当一部分不足为信，但仍有一些可以确认是真实的。

外星人外貌

　　根据人们的描述，科学家把外星人的形态和特征做了如下总结：从外形来看，外星人大概有人型、中高型、小灰型、蜥蜴型和螳螂型。人型，与人大小一样，非常像人类，有金色的长发和蓝色的眼睛；中高型，约五尺高，灰色或褐色的皮肤，杏仁型眼睛，细瘦的四肢；小灰型，大约四尺高，灰色的皮肤，大而圆的杏仁眼，细瘦的四肢；蜥蜴型像爬虫类，身上有鳞片，有绿的眼睛与黄色的瞳孔；螳螂型，外形如昆虫，有绿色及灰色。

　　从皮肤来看，大概有灰色、苍白、白色、褐色；或穿着薄的紧身防护衣。

　　从眼睛来看，外星人的眼眶普遍比地球人大，成圆孔状或者杏仁状。外星人大多无毛发，耳朵是细孔，外耳小或无；鼻子或者没有，或者仅是两个小的呼吸孔；嘴巴只是一道裂缝，或很小或完全没开口。外星人有三个、四个或六个手指，有的手指间长蹼。

　　外星人一般警觉、严肃、坚定，面部木然无表情，能发出低哼声、短暂尖锐声，或者有他们的语言，但是地球人听不懂。他们通常都是有特异功能的，比如意念力、心智术、隐形术和飘浮能力。

　　但是，这些描述是真实还是人们的想象？究竟哪一种才是真实的外星人特征？这始终是个谜题。需要未来人们从现实中搜集证据加以印证。

英技师自曝解剖外星人是骗局

> 如果说外星人的外貌酷似人类，那么他们的体内结构和人类是否也一样呢？正在人们对于罗斯维尔事件中外星人的外貌问题困惑不已的时候，二十世纪末期，一自称是解剖罗斯维尔事件中外星人尸体的录像带对外公布了……这个录像带显示了解剖的全程，令世界震惊！但是不久之后，那些披露录像带的人称：这只是一个骗局。这似乎是和人们的好奇心开了一个莫大的玩笑。

19 95 年 8 月，一部纪录 1947 年 7 月美国新墨西哥州罗斯维尔飞碟坠毁事件后美国军方科学家对外星人尸体进行解剖的黑白纪录片，分别在英国、法国、意大利、美国、德国等 44 个国家的电视台首次公开播出，曾引起了全世界的轰动。

然而没多久，这部"解剖外星人"纪录片就被证明是一场恶作剧。英国作家、UFO 研究者菲利浦·

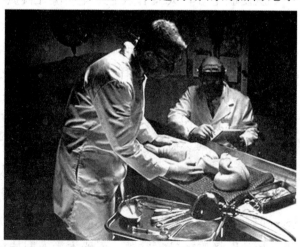

解剖外星人

曼特尔经过十年研究，认为英国电视台特技师约翰·哈姆菲雷斯正是骗局的主要嫌疑人之一，但却遭到哈姆菲雷斯的矢口否认。恶作剧的始作俑者却始终是个谜团。

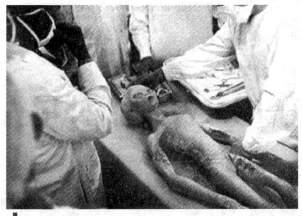

解剖外星人

1995 年，《解剖外星人》纪录片的伦敦发行人雷·桑蒂利宣称，他花了十万美元，从一名 82 岁的美军退休摄影师那儿独家购买到这部片子，并翻制成录像带卖给了各国电视台。目前，特技师哈姆菲雷斯向媒体公开承认，这部伪造的黑白纪录片并非是 1947 年在美国新墨西哥州罗斯维尔附近的沙漠上拍摄的，而是1995 年在北伦敦卡姆登地区的一座公寓中拍摄的。

约翰说，他在"解剖外星人"黑白影片中扮演了一个主要外科大夫，而躺在桌面上的"外星人"其实是一个塞满羊脑、鸡肠和从史密斯菲尔德肉类交易市场购来的肘关节的橡胶模型。约翰称，这个"外星人模型"是他整整花了四周时间，用黏土和橡胶制成的。

据约翰披露，发行"解剖外星人"黑白纪录片的雷·桑蒂利也是骗局制造者之一，他们两人还有另外三名"同谋者"。约翰称，所有这些"同谋者"都曾达成了协议，表示绝不向其他任何人透露他们的这一共同秘密，包括自己的妻子。

美国又发现"外星人"遗骸?

如果外星文明程度真的高于地球人,那么能捕捉到外星人外貌信息的,除了目击者的描述之外,最有说服力的就是外星人的遗骸了。自美国著名的罗斯维尔事件之后,美国相关部门又发现了一处外星人遗骸——有清晰的图片和精确的描述分析,让人们对事件真实性的怀疑有所减少。

美国著名的UFO研究专家威涵博士披露了一宗美国当局保密多年的奇案。

威涵说:"外星人不断来访地球,其中有的宇宙飞船失事,坠落在地球的一些偏僻地区,不为人知。"他说:"美国和墨西哥的秘密档案内有许多这类纪录。我们搜集了一万五千份政府公文,在这些公文中,我们得知近年来最少有两次外来宇宙飞船失事在美国境内。美国政府否认掌握这些资料,但是我们正获得美军退职人员作证,他们曾亲眼看见这些外星人的尸体。我们也有几位曾经检验外星人遗体的验尸官作证"。

威涵说:"我们还获得一批由美国海军摄影官员拍摄的外星人尸体的照片。照片的底片经两家有声誉的摄影实验所用科学的方法检验,证实不是赝品,年代确实,没有涂改、叠影、缩影等情况。"

威涵在电视上展示这批外星人尸体照片时说:"1948年7月的某夜,美国空军雷达网发现一架高速飞行的不明飞行物体,追踪之下,发现其坠落在德克萨斯州拉列多镇以南三十英里的墨西哥境内。墨西哥政府立即派军队封锁了现场,并通知了美国政府。华盛顿政府马上

外星人未解之谜

派了一批官员和专家前往，随行者中有一位海军的摄影官，是他拍摄的这批照片。这位摄影官现在还在服役，她给我们写了一封信，信中说：'假如你们公开这批秘密照片，你们难免受到怀疑者的攻击，也难免受到美国政府某一秘密机构的麻烦——该机构机密到甚至你们无法想象会存在。我已将照片上围观尸体的一些人物剪掉，以免被认出。'"

军官还作证说："坠落的宇宙飞船爆炸焚烧，剩下的残骸和两具外太空星球人的尸体均被送往俄亥俄州的赖特派逊美国空军基地检验。"威涵说："失事烧死的外星人，身穿太空装，头戴太空盔，身高仅四英尺六英寸，男性，脑袋比常人的大。"

另一位 UFO 研究专家史称飞说："美国政府及军方从 1950 年至今已经收集了三十多具外星人的遗骸，进行秘密解剖研究。"

史称飞从事 UFO 研究三十余年，他说有很多人接触过外星球人，他搜集了很多目击报告，一般常见的外星人的形状是身高三至五英尺，如同未发育的少年。脑袋特别大，呈梨状。眼睛特别大，好像戴了防风镜，没有眉毛和上眼皮，因为戴了面具，看不见眼珠。他们好像没

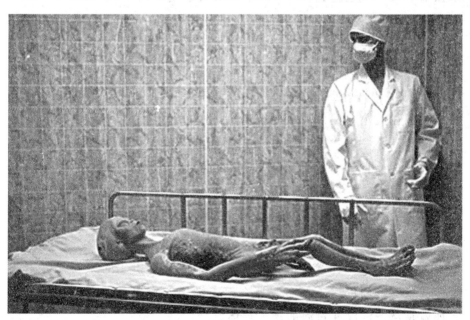

解剖外星人

有鼻子，只有鼻孔。他们全身无毛，头上也没有头发。他们臂长过膝，手有五指，但有像鸭蹼似的薄膜。因为穿着太空装，皮肤呈灰白色。他们不张口讲话，可能用传心术沟通意念。他们通常喜欢穿银灰色太空衣，看不见拉链或扣子。他们全是男性，模样相同，像是从实验室用细胞培养出来的。

巴拿马著名的心理学家、精神病医生拉曼狄·艾桂拉，他也是一有名的 UFO 研究专家，"巴拿马外太空现象研究中心"的主席。艾桂拉博士在墨西哥国家电视上手持一具外太空星球人遗骸讲述了发现的经过：近年 3 月，一个小男孩在巴拿马首都巴拿马市七十英里以外的圣卡洛村附近的海滩上发现了他，外面包有衣物，随后拿着它去见朋友的叔叔加西亚莫拉医生。加西亚莫拉医生是国家首席心脏专家，发现这是人体，立即送到巴拿马大学医学院检验，证实无误。

贾西亚莫拉在电视上说："小孩拾到时，以为是玩具。后来认为它可能是一个已死的人。开始它的身体是柔软的，不久便僵硬了。可惜小孩子不懂事，把它的衣物抛弃了，失去了线索。"

他又说："我们发现它的脊椎骨和人类一样，颈部的脊椎骨却特别大，直径也比较宽阔，显示它有发达的神经系统，也可能有高度的智慧。它的头部比例比人类要大。""奇怪的是，胸腔没有肋骨，只有一块平板胸骨"。"从这副人骨判断，可能是个婴儿的遗骸，其成人的身高当在三英尺左右，体形发达像运动员。但两腿非常瘦"。"外星人的身高可能不止三英尺多，是因为来到地球受到大气压力之后，引起了体形的急速缩小和硬化。"艾桂拉博士说："但是，它和我们人类不完全一样，只有推断它可能是外太空人类的婴儿。它怎么会出现在巴拿马海滩呢？可能是外星人来到地球生下的吧？可能是私生弃儿吧？总之，是一个无法解答的谜，也是人类科学上最大的发现之一。"但是，也有人怀疑它是一种绝迹的侏儒种族，如非洲扎伊尔的原始森林内就有侏儒族，身高仅二英尺多。那么南美洲说不定也有矮人族，也说不定那就是从非洲漂洋过海的矮人尸体。

美国农场主声称 曾枪击"外星人"

农场似乎是外星人喜爱的光顾地。在众多的外星人目击实例的报告中，有很多来自广阔的农场。相比之下，美国肯塔基州的萨顿一家遇到"外星人"的经历是最新奇的，因为他们不仅看到了令世界都感到神秘的"外星人"，而且开枪打了对方……但是这对于外星人来说似乎毫无关碍，后来外星人就像来时一样悠然从他们的视线中消失了。

下面这个事件于 1955 年 8 月 21 日发生在美国肯塔基州凯利霍普金斯维尔。电子工程师巴德·列德维奇（后来在"卫星追踪署"里成了海尼克博士的助手）和霍普金斯维尔电台播音员在事件发生后立即对它进行了调查。1956 年，一位著名的不明飞行物研究者、纽约记者伊萨贝尔·大卫也亲自进行了一次考察，其结果被海尼克博士称为"一份出色的文件，值得公之于世"。至于官方调查，无论是地方警察局，还是后来的蓝皮书方案委员会，对此事的调查都相当简略，主要是企图证明目击者在说谎，或者大家都产生了错觉。而当这一企图未能实现时，蓝皮书不得不把这一事件列入"未经证实"一类。这样的结论，就连海尼克博士也认为"是毋庸置疑的"。在这些调查过程中，目击者们——萨顿全家十一口人——都出具了书面的、明确而无矛盾的证词，签了名，并且宣誓说他们讲的全是实情。不仅如此，巴德·

农场发现外星人

列德维奇不定期根据他们的报告写了一篇很有价值的特写。凯利——萨顿事件完全不同一般，它的构成因素和发生的过程使最有经验的飞碟专家都感到震惊。

事件发生的过程是这样的：1955年8月21日晚上19时前后，萨顿家的一个年轻人慌慌张张地跑进家门，叫嚷说他看见一个圆盘形的物体降落在农场后面的一道浅沟里。其他人都不信他的话，并且取笑他。年轻人坚持说，如果不信，他们可以亲眼看看。约莫过了一小时，狗开始狂吠起来，两个男人拿起枪出去看发生了什么事。（美国西部，尤其是堪萨斯州和肯塔基州地区，分散居住的农场主们的原则是："先开枪，后问话！"）他们见到的果然是一件意想不到的奇事！一个两眼奇大、浑身发光的小人儿，双手高高举过头顶，就像投降的样子，慢慢地向他们走来。这两个勇敢的农场主并没有惊慌失措，恰如一句古老的谚语所说那样："当别人全都感到恐惧时，如若你不能保持镇静，那就说明你没有认清形势。"当那个怪物走到离地六七米远时，两人举起枪（一枝 22 毫米的卡宾枪，一支猎枪）同时开火。击中那怪物的身体的子弹发出金属般的声响，就像打中空油桶一样。那"小矮人"转过身去，飞快地消失到院子外面。第二个"小矮人"出现时，天已经黑了，他站在窗外好奇地向里张望。屋里的一名男子用卡宾枪朝他开了一枪，然后出去察看那家伙是否被打死了。留在屋里的人们看见从屋檐上伸下一只"爪子"般的手来，几乎揪住那男子的头发。

又是一声枪响，那只手缩了回去。几分钟后，另一个类似的怪物出现在农场院子篱笆墙旁边的一棵树上。屋里的人们举枪疯狂地向它射击。又听见一阵金属撞击的当啷声，可那怪物并不是应声坠地，而是缓缓飘向地面，接着便迅速地跑开了。整整三个小时，这组"西部电影镜头"的结局全一样：每次"小矮人"被子弹击中时，它都"飘向"地面，然后稍加休整便急忙离去。如果说这些陌生的生物是在闹着玩儿，农场主们却不能容忍这样的玩笑。人们知道，最使美国西部和南部的人们恼火的事，莫过于发现自己手中的武器不起作用。

23 时左右，萨顿家庭开会做出决定，认为单靠他们自己不能抵御敌人。于是，全家的七个成年男人和四个孩子挤在农场的两辆车子里，全速向离凯利七公里以外的霍普金斯维尔警察局驶去请求支援。过了大约一小时，他们在警察的陪同下返回。警察们拿着手电筒和手枪将整个地区察看了一遍，什么也没有发现。警察们对这帮在深更半夜里让他们白辛苦一趟的"疯子"说了几句很不客气的话后便走了。"疯子们"面面相觑。农场的院子里及四周一切正常，他们放心地进屋去了。可是，警察走后还不到三十分钟，那些怪物又出现在窗外。这次，农声主们没有勇气再去叫警察，他们猛烈地开枪进行了将近一小时的自卫，直到后来，那些"大眼睛的小矮人"跟出现时一样，突然彻底消失了……

"外星人头像"图片
只是人类畸形胚胎照片?

关于外星人的大眼大头的形象,人们一直不置可否,很多人却提出了疑问。而美国的一位科学家发现,人类目前掌握的关于外星人的头部图片其实只是来自于人类自己的胚胎照片——这个样子的确显得很特别,因此有人将它臆想成了外星人的样子。这是真的吗?如果是的话,那么外星人的外貌只能又回归天知道之中了。

著名导演斯蒂文·斯皮尔伯格在 1977 年的电影《第三类亲密接触》中,第一次将外星人的形象带入人们的视线,如今大家都已看惯了这副模样。他们的样子有些像畸形人,但不让人觉得反感。这是为什么呢?就是因为他们身上有很多人性的东西:"绿色小人"个儿不大,身高也就 1 米 20 左右。一颗硕大的光头,眼睛是一对乌黑的外斜视小坑,几乎没有耳朵,尖下巴,有一张小嘴和一个小鼻子,鼻孔是两条垂直的细缝。人类的"理性兄弟"最常见的肖像就是这副模样。

不过,图像本身大约出现得还要早,因为大家都已知道他们外星人该是什么模样,是那些像是见过他们的人说出来的。说得更确切些,是那些像是曾经被外星人劫持的人在说。而后,他们异口同声描述了同样的特点。

2004 年,被劫持的第一个、也是最著名的一个美国妇女贝蒂·希尔离开了人世。但死前她在催眠术的作用下"回忆"起 1961 年曾经到过"飞碟"的情景。从整体上说,她对外星人外形所做出的口头描述同斯皮尔伯格电影里的完全一致。

俄罗斯圣彼得堡著名的"飞碟"问题专家米哈伊尔·格尔施泰因称这个形象为"经典的外星人",不过据他猜测外星人不是绿色的,而是灰色的。而且据他所知,外星人的画像最早是出现在加拿大 1957 年 12 月 11 日的 The Prince George Citizen 报纸上,同时还刊登了一篇据说是被外星人劫持到火星上去的人所陈述的相当可疑的故事。如果抛开劫持者的眼睛是双苍蝇的复眼不算,他所描述的外星人形象几乎同常见到的"灰人"没有什么不同。

不过,也还有比这还要早的。如果相信一些人的杜撰,美国军人似乎见过真外星人,他们曾经称从 1947 年在新墨西哥州罗斯威尔坠毁的"飞碟"中弄到了他们的尸体。根据他们的描述,死去的外星人长一颗实际上没有头发的大圆脑袋,外斜视的眼睛深深地凹陷进去,没有耳郭,只有一对听孔,鼻子略略凸出,嘴巴是不大的一条缝,没有牙齿……身高 90～120 厘米,血液里的成分同人血。

不排除这种描述是后来的杜撰,是公开的欺骗。但是凭什么人们对这种说法如此执着呢?美国空军学院心理学家弗里德里克·马利姆斯特尔相信,所有的人都见过外星人。不但如此,外星人的典型形象还映在每个人的脑海里。

科学家之所以做出这样

外星人

耸人听闻的结论，是企图解释这么一个奇怪的事实：据说是在"飞碟"里待过的人所描述的外星人都是一副模样，似乎真正见过一些也同样是"灰色"的面孔。

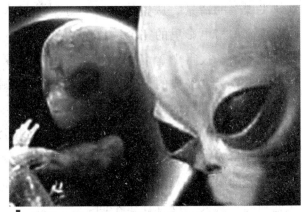

外星人头像是人类胚胎照片？

科学家咬定那就是母亲的面孔。他借助电脑改变了女人的画像，将它改成视力还很差的新生儿所看到的模样。这些新生儿的眼睛有一层浅浅的聚光平面，散光，视力模糊，对颜色把握不准，还有其他一些不如人意的地方。结果马利姆斯特尔得出的影像很像经典的外星人。心理学家认为，每个人的潜意识里都保存有这个影像，这就是所谓的基本模型。如果说得具体一些，就是出生后第一眼看到的母亲的影像。通常说来，到过"飞碟"上的人什么也记不得了。为了"再现"所见到的情景，得让他们处在催眠状态下。这时，潜意识中的妈妈模型便浮现出来。于是，人们便把这个模型看成"回忆被类人动物劫持"的证据，并且很乐意描述出所看到的影像来，甚至还可以画出来。俄罗斯生物学副博士弗拉基米尔·维塔利耶夫对此也有自己的一番研究。他认为人类胚胎的照片就是跟外星人的形象一模一样，这说明要不是弄假者选中了非常完美的模特儿，要不就是外星人和地球人确确实实是近亲，不仅是"理性兄弟"，还是血缘兄弟。

外星人是肉身还是铁骨？

外星人在人们的描述中大多有特异功能，比如会喷火，力量超大无比等等。有些科学家发出了疑问，如果是和人类同样的血肉之躯，外星人不可能那么厉害的。所以人们开始想象，也许外星人根本不是生命体，而只是受操控能够被复制的机器人？

当你一个人孤独地游荡在无边无际的深山空谷无助地高喊"有人吗？"的时候，听着自己的声音在旷野里回响，你是不是渴望远处什么地方，有人回应一声？如今科学家们面对太空发出了同样的呼喊："我们是唯一的智慧生命吗？"多年来，人类从来没有停止对外星文明的探索，但除了似真似幻的飞碟的记录和电影导演的凭空想象之外，我们几乎一无所获。

科学家们也在期待着遥远的太空有外星人做出回应。可他们在哪呢？他们长得什么样？是肉身凡胎，还是铁骨铮铮？

对于外星人，人类有一整套猜想和学术推论。首先，在合适的恒星系统中一颗条件温和的行星上，由化学反应产生了原始生命，我们知道，这种现象在整个宇宙中普遍存在；接着，在达尔文适者生存理论的模式下，从那些生命中间最终会进化出一种智能生命；最后，那些最为高等的生命会研究发展出可以在太空进行通讯的技术，向宇宙中的其他地方发射电波或其他波段的各种联络信号。

天文学家弗兰克·德瑞克在1961年发明了一个推断外星生命的著名方程式——现在我们称为"德瑞克方程",他通过这个方程计算并乐观地推断,在我们银河系中存在着大量的智能生命,而我们能否找到他们则完全取决于文明能够进行星际探索的年限。

美国外星智慧探索研究中心的科学家塞思·肖斯塔克认为,人类不可能会遭遇到像科幻电影里描述的那种软软的粘糊糊的外星生命,而更可能是某种智能机器。他以加利福尼亚硅谷的科学进展为根据,提出一个猜想:应该有一种可能,在人类生命进化

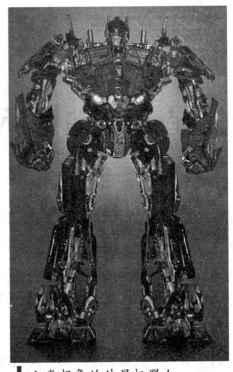

人类想象的外星机器人

发展过程中的某个阶段,随着科学技术越来越进步,我们完全可以制造出一些人造的精巧智能物体,以继承我们人类的文明。如果在太空中有其他更进步的文明的话,几百万年来,他们可能早就制造出智力机器。所以,我们能够探测到的外星人将会是一种机器智能人,而不是像我们一样的生物智能人。

这个观点为许多的科学家所接受。要理解这一点得从人类本身说起,其实人类一直有探测星空的梦想,然而要走出太阳系,进出银河系,进入遥远的星空却并非易事。由于人类自身的脆弱性以及技术的原因,在太空探索的最初阶段,人类本身无法承受巨大的发射荷载,也不能在太空长期居留,只能依赖遥控机器人。因此首先将机器人送上太空打前阵,然后派人类跟上要安全得多。

我们已经把一些机器人送上了太空。如旅行者号、火星探路者等

机器人就可以将大量的科学数据从遥远的外太空传输给地面控制室里的人类。美国宇航局的人工智能研究专家们还在研制测试一种遥控机器人助手。如果这个计划得以实施，它可以使太空探测器和卫星之间进行更广泛的指令交流，并使它们通过相互间的信息指令交流来调整自己的动作，比如控制卫星姿态等。这种机器人间的信息交流有点类似人和人之间的电话交谈。

最终，人类制造的探测器将会拥有一定程度独立思考的能力和自我繁殖能力。我们的太阳系离最近的星系邻居阿尔法人马座也有4.25光年之遥，如果将来我们把飞船送到了那里，人们将无法对它进行遥控，更不用说遥控在那些行星上面游弋的登陆器了。我们甚至都不知道那些登陆器到那里到底会面临什么样的境地，要执行什么样的任务。所以，对于探测器来说，拥有智能将可以使它具备自我修复的能力，甚至可以独立设计制造出新机器。

五十多年前，一位匈牙利数学家冯·诺伊曼第一个提出这种智能机器的构想。一些科学家由此非常肯定地认为：如果有某一种外星生命企图想要和人类取得联系的话，他们在宇宙中首先邂逅的将是我们制造的智能机器；同样的道理，我们如果能接触到外星人的话，也许就是外星机器人。

艾伦·塔夫是加拿大多伦多大学的一名教授，他就持有这样的观点。塔夫认为，我们在五十年后不仅能制造出聪明的人工智能机器人，这些机器人还会有精神的情感。其他的生物文明可能在很久以前已经制造出了这样的机器人，而且这些机器人可能已经到了地球上。尽管那些外星人看我们就像看金鱼一样，当我们是一群奇怪有趣的动物，但天性的好奇会促使他们和我们进行交流。

也许就在此刻，我们的宇宙中到处飞行着对于我们来说非常陌生的外星智能机器人，譬如经常光顾我们地球的形形色色的飞碟，它们在苍茫的恒星星际之间灵巧快捷地穿行着，而那些制造它们的肉身生物，有可能仍然只能孤独地偏居在某一行星上，在那里适合他们居住的脆弱的生态系统中苟且偷生。

有科学家甚至还认为，纳米技术的进步，会使机器人越做越小，也许那些外星人派到地球的探测器，只有跳蚤那么大。但科学家们也担心，机器人的发展会带来一些负面效应。机器人可能会亲眼看见创造他们的生物缔造者们（人类或者其他生物）残暴的天性，而不只是他们善良的一面，这会让智能机器人感染上人类的这种恶习，从而可能会使外星探索研究成为另一种军备竞赛，这不是核武器的竞赛，而是智能机器人争夺外星领域的竞赛。

而且，智能机器人如果真的能发明出来的话，那些具备思考判断能力的机器人会变得非常优秀，行动非常敏捷，他们甚至可能转而来统治人类，这可能将导致人类文明的中断。我们可以想象一下，如果机器人的智商是人类的十到十八倍高的话，到时候谁统治谁可能就不由我们说了算了。当然也有人认为，所有的生命都是在竞争和冲突中产生的，如果人类来自于猴子的话，这并不意味着，我们转身就把所有的猴子杀了。

但研究外星文明的其他专家并不这样认为，他们觉得塞思·肖斯塔克完全低估了外星人可能具有的生物技术，高明的生物技术完全可以做到将有机生物体和机器融汇一体，创造出肉身与机械结合的新的生物种类。

这些科学家认为，即使是人类也不会永远生活在地球上。人类的好奇心、人类发展的需要、科学技术的进步，一定会使人类跨出地球，进入更广阔的空间生活。人类一直在努力尝试研

外星人

制人工智能机器人，随着智能机器人制造技术的开发发展，生物技术与遗传学理论天翻地覆的革命，相信人类物种进化停滞不前的现状不会太长久了。遗传工程及其他生物技术的进步将可以使一种生物拥有更高的能力和更长的寿命，从而可以为自己制造出更聪明、更强壮的宇航员。不仅如此，随着技术的进步，人工智能机器人完全有可能和人结合起来，人工智能机器人可以从人类身上吸取某些"灵气"，而我们人类自身经过长时间与机器相处，将会模糊生物性与机械性之间的界限，因此未来的人将不再是和现在一样的纯粹的生物性的人。其实，人类现在已经在这方面显现一些机械性的苗头了：如在心脏里植入心脏启搏器，在大脑中植入某种芯片等。未来的人也许应该改一个名字了，那就是"电子人"。

在更远一点的将来，人类甚至可以将自己的意识下载到所制造的智能机器里面，使那些"黏糊糊"的生物永生不老，甚至变成"超人"。如果有比我们目前更先进的文明，他们完全可能是一种肉身与机械结合的复杂生物种类，他们的技术已经可以将虫洞铸造成一种超维的时空隧道，使他们的宇航员能通过那些隧道而避免太空中的伤害，自由地在太空中旅行。

弦论创始人之一卡库认为：宇宙也许是一种高维空间，与我们对宇宙空间的日常感觉截然不同。如果这个理论是真的，外星不可思议的高级复杂生物将可以非常轻松地在星系内和星系间随意地跨越，其行为简直就如同我们通过房门在房子间穿行，简单而自然。

但不论是智能机器人也好，纳米机器人也好，这些都是某些科学家们的推测，也有许多科学家对此持反对的意见，他们的观点可能更现实，那就是：除非我看到外星人来到地球了，要不就是一派胡言。虽然根据德瑞克方程预测宇宙中应该存在大量的智能生物，但是它们究竟位于何方，在哪个星球上？这些人类最想得到的答案从来没有明朗过。也许人类不过用德瑞克方程玩了一场大游戏，因为它全是以各式各样的假设作为前提的。

在这场辩论中，甚至有些科学家提出了更激烈的批评，他们认为根本没有所谓的高级外星文明，人类才是第一个有智慧的生命。对此，塞思·肖斯塔克认为，关于人类在宇宙中的地位，那种盲目自大的观点是非常小气错误的。科学家们用了许多方法在茫茫太空中无休止地寻找，他们发射带有地球文明信息的探测器和飞船，他们向天空发送无线电之类的信号，他们还借助天文望远镜和太空望远镜在茫茫的太空求

人类发明的智能机器人

索等等。目前还有人在互联网上建了一个网页，他们认为，有可能外星人正在环球轨道上，通过浏览国际互联网来了解人类文明的发展。

微软公司合伙创始人保罗·G·艾伦和前微软公司首席技术执行官纳森·梅尔沃德也来凑外星文明这个热闹，他们这样的大富翁出手很阔绰，出了一大笔资金建造了一个占地一公顷的外星文明探测望远镜，他们对搜寻到外星人很自信，"这个望远镜也许能够帮助我们窃听那些外星智能机器人的高谈阔论。"他们说，"当然，我们并没有希望那些外星机器人邀请我们去参加他们盛大的圆桌晚宴，也不指望对他们说'我要和你们的头面谈'这样的废话。"

总之，一些科学家坚信，人类的进化不过花了几百万年的时间。如果我们的太阳系比许多其他星系要年轻十亿年的话，根据德瑞克方程，在宇宙许多星系的许多星球上，就一定有智慧生命存在，而且比人类要先进得多。而以光速作横跨星系的旅游要成百上千年，那么经过这么长的时间，如果有外星人来到地球敲打我们住所的前门的话，也就不足为奇了。

乌拉尔外星人

在人类目前发现的外星文明证据中，婴幼儿外星人占了其中很大一部分。这些来自外星的幼小生命，他们往往有和人类不一样的特征，被一般人视为怪物或者异物而遭到抛弃！来自俄罗斯地区乌拉尔的"乌拉尔外星人"就是其中一例，他被认为是外星文明的弃婴，被一个好心的老人收养……

1996年，俄罗斯乌拉尔地区的克什特姆市发现一个奇怪生物——它的身高只有25厘米左右，洋葱头似的脑袋上长着一双大大的眼睛，嘴里能够发出"吱吱"的响声……没有多久，这个小东西就死去并且变成了一具木乃伊，随后发生了一系列与之相关的怪异之事。过去十年里，俄罗斯学者对这个"乌拉尔外星人"进行了多次研究，试图揭开其真实"身份"。而最新结果显示，它的身份中含有"外星基因"。

一切始于1996年8月13日那个雷雨交加的夜晚。据卡利诺沃居民回忆，他们村有位名叫瓦西里耶夫娜·普罗斯维琳娜的老太太，由于孩子不在身边，她孤身一人居住。那天晚上，七十四岁的她正在休息，突然接到一个"心灵感应指令"，让她立即起床到附近树林的墓地去。人们对"心灵感应"的解释很简单：普罗斯维琳娜精神有些问题，并且平时经常到墓地去收集鲜花。但奇怪的是，她确实找了传达指令

外星人长什么样

的"人"——一个身高只有25厘米、长着两只大眼睛的小东西，正从墓地中望着她。

与其说这是个人，倒不如说是一个既有点儿像婴儿、又有点儿像某种小动物的东西——脑袋下圆上尖，就像分成四瓣的洋葱，由下向上合到一起，并且形成一个尖顶；嘴没有嘴唇，只是一个小洞；身上没有衣服，而是覆盖一层皮毛；长长的手臂上，长着锋利的爪子……可怜的小东西不会说话，只是哀怨地发出"吱吱"声。于是，普罗斯维琳娜老太太心疼地把"他"带回了家，并像对待"儿子"似地对待、喂养"他"，还给"他"取了个名字——阿廖申卡。第二天，老太太逢人就说，自己在树林里捡了个儿子。

老人的儿媳塔玛拉有幸亲见了这个不同寻常的小生命。她回忆说："丈夫谢尔盖当时正在坐牢，我每周都去看望婆婆一次。那天，我又照常去看她。当我准备把带来的东西放进厨房时，突然听她说'该喂孩子了'。我当时在想，她准是又犯精神病了，这种情况以前经常发生。"

然而出乎塔玛拉意料的是，她看到床上有个小东西，而且正发出吱吱的叫声，更确切地说是在吹口哨，小嘴儿努成筒状，鲜红的舌头轻微颤动，还有两颗小牙清晰可见。"我仔细看了看他，感觉并不像个孩子——褐色的脑袋，灰色的身体，皮肤没有纹理；眼睛大大的，但是没有眼皮，瞳孔一会儿放大、一会缩小；他没长耳朵，只有两个小洞；肚皮光滑，没有肚脐；手脚细长，小腿儿整齐地叠放着；'他'没有生殖器，因此分不出性别。"塔玛拉问"这

小外星人

个怪物是从哪来的"，婆婆回答说是从树林里捡的。她往小东西嘴里放块硬糖，"他"立即开始吸吮起来；用小匙喂水，"他"也喝了下去。"我当时想，这只是个小动物。"

塔玛拉的母亲加琳娜也见过活着的阿廖申卡。那天，加琳娜去看亲家母，跟着她来到隔壁房间，看到床上横放着一个小布包裹。"她打开包，我看到一个古怪的东西！起初我还以为是幻觉，揉了揉眼睛再看，他仍然在那里。我大着胆子走到跟前，看到他也在看我，而且还吱吱叫着，就像地里的黄鼠，只是声音小了些。"阿廖申卡没有下腭，只有一层薄皮。普罗斯维琳娜给"他"吃小块乳酪，"他"先是吸吮一会儿，然后就咽下去了。

据加琳娜回忆，阿廖申卡存活了大约三周，或者更长一段时间，而"他"的死完全出于意外。她说："我认为'他'应该是饿死的。普罗斯维琳娜后来犯病被送进精神病院，把'他'一个人留在家里。碰巧塔玛拉当时去了外地，而我也没时间去她家照顾'他'。那时又有谁能想到，这个怪物对科学研究有这么大的价值。"

阿廖申卡活着的时候，并未引起人们的多大注意，村里人虽然知道普罗斯维琳娜捡了个"儿子"，但是都没有多想，也没有人向警方报告；按照她儿媳塔玛拉的话：如果阿廖申卡真的是个小孩，自然应该向警方报告；但它只是个不为人知的小动物，因此也就没有这个必要了。直到当地一名警察偶然发现了阿廖申卡的尸体，"他"曾经存在的事实才引起各界的关注。叶夫根尼－莫基乔夫大尉是克什特姆警察局调查员。他在调查一个电线盗窃案的过程中，认识了当地一个叫弗拉基米尔·努尔季诺夫的人，此人后来向他透露自己有个外星人遗体。莫基乔夫当然不相信这是真的，于是他就拿来一个布包，当场把遗体展示给莫基乔夫看。努尔季诺夫告诉莫基乔夫，自己是从普罗斯维娜家搞到这东西的，他早就知道老太太家有个阿廖申卡。在老太太精神病发作被送进医院后，他想起那个奇怪的东西还被留在家，于是就去找"他"，结果发现"他"已经死了，尸体上还爬满了蛆。他把蛆弄掉，用酒精清洗，然

107

后放在太阳下暴晒。很快，阿廖申卡就成了一具木乃伊。

最初怀疑是流产胎儿

此后，对这具神秘的尸体便展开了全面的调查。当地医院的泌尿科医师乌斯科夫是第一个对这具神秘生物尸体进行检查的医生。乌斯科夫称，这具木乃伊状生物遗骸就和20周的人类胎儿一般大。妇产科医生艾莫拉耶娃也认为这具尸体可能是未发育成熟的早产胎儿或流产胎儿。当地警方开始相信这是人类胎儿，它涉及的只是一起非法流产案。不过，本德林警官决定请医学专家进行一次具体尸检，确定它是死产婴儿，还是故意流产的婴儿。

尸检专家认定是新生命形式

基什蒂姆镇医院疾病解剖部主任萨摩希金对神秘生物进行了彻底的尸检。萨摩希金惊人地宣称，它既不是人类的尸体，也不是任何动物的尸体，而是一种新的生命形式的尸体。萨摩希金博士说："这个生物绝对不属于人类，这个生物的头盖骨比人类少了两根骨骼，此外它的其他骨骼结构也和人类不同，这些差异并不像是先天畸形。"

拥有独特拉长的 DNA 分子

俄科学家先后对这具"神秘生物尸体"进行了5次实验室鉴定，希望能通过 DNA 样本查出它的来龙去脉。最近一次 DNA 鉴定是由莫斯科法医学协会的专家实施的，结果令人震惊。俄科学家切尔诺布罗夫说："我们从这个生物 DNA 样本上发现的一个基因，它和人类或类人猿的基因完全不符。目前我们的实验室中没有找到任何和它相配的基因。专家们此前从来没有见过哪种生物，会拥有这样拉长的 DNA 分子。"

数多年已经过去了，人们对这具神秘的尸体依然感到非常迷惑，他到底是不是外星人呢？因此，"乌拉尔外星人"也成了一个未解之谜。

苏联曾紧急抢救外星婴儿?

在苏联和中国新疆分界处发现的这个"外星婴儿",这给外星人之谜的研究带来了很大的惊喜,因为在它来临之前,人们看到了 UFO 和其他许多相关的现象,甚至看到了婴儿的父母……这个事件听来有些离奇,但是如果仔细地回味一下,就会发现其中有很多貌似真实的部分。如果真的存在这件事,我们有理由相信,外星人会随时光顾我们……

据知情人士透漏,1983 年 7 月 14 日傍晚 8 时左右,苏联中亚吉尔吉斯加盟共和国咸海东侧索斯诺夫卡村的村民们目睹了一次大规模的奇异现象,并一个个惊得目瞪口呆。当时,一个火红的发光体突然出现在天空,将群山、村庄照亮。几秒钟后,空中传来几声巨响,爆炸声震动山谷,天空一片紫红,异常耀眼。

苏联与中国新疆接壤区域的边防军立即派出军队对边界进行严密监视。当晚伏龙芝市又出动三架军用直升机,用强大的探照灯将索斯诺夫卡村一带照得亮如白昼,并封锁了它的空域。空军发现,在山村一片空地上有一堆冒着烟火的残骸。待天明不久,军人们找到了那堆仍然烫手的黑色灰烬。此事惊动了伏龙芝新闻界和军政当局。苏联军队立刻将该村和周围山地严密包围。事件发生二十四小时之后,有消息说,出事的飞行物很像几个月前飞越苏联上空的那艘宇宙飞船。7 月 15 日晚 10 时,一支部队进入该村东南四公里的一个山谷,他们得到报告，一个牧羊人看见天上又掉下来一个东西。两架直升机立即向牧羊人报告的地点飞去。边疆军区佐尔达什·埃马托夫上校也乘车赶到现场进行实地调查。上校看见了一个椭圆形的金属物体，它的长、高、宽均在 1.5 米左右。金属球体下部有短而粗的支脚，还有一个反推力制动装置，物体上部有一扇紧闭着的门。军事专家们用仪器探测了这个物体，结果表明球体内没有炸弹。凌晨 3 时，上校命令打开球体的门。当时门被轻易打开后，专家们发现里边有一个男婴。乍一看，他像地球人，他呼吸缓慢，像是在熟睡。随后，他们将孩子与球体一起运到伏龙芝研究中心。

外星婴儿

埃马托夫上校后来对新闻记者说："种种迹象表明，那是一个外星婴儿，是一架出事的宇宙飞船在危急时刻释放在空间里的。那个球体十分平稳地着陆了。我们完全有把握说，这个球体是一个宇航急救系统。孩子没有受伤。"

照料婴孩的一位医务人员说："说真的，那孩子很像我们地球的婴儿。是活生生的人。所不同的是，他的手指和脚趾之间有蹼，这说明他曾在水中生活过很长时间。另一个不同点，是他的眼睛呈奇怪的紫色。X 光透视结果表明，他的肌体结构与我们人一样，只是心脏特别大。他的大脑活动比我们成人还频繁，很可能他有心灵感应和图像遥感的特异现象。"

有八个护士参加了护理这个外星婴儿的工作。其中一个介绍说："这个婴儿可能有一岁的样子，体长 0.66 米，体重 11.5 公斤。他没有头发，没有眉毛和睫毛，好像没长眼皮。他睡觉时，眼睛也是睁着的。

他不哭也不笑，但很聪明，在给他换衣报时，他配合得很好。他最感兴趣的是一个由闪光铝片制成的机械玩具，也许是因为它像他们所乘的飞船一样发亮吧。"

很可惜的是，这个外星婴儿先是在伏龙芝医学研究所，然后在阿拉木图儿童医院生活了近一年之后，突然发病死去。

1984 年 5 月 14 日，苏联太空实验室"礼炮六号"上的两名宇航员华利雅诺与沙文尼克，在太空中也亲眼看见了乘银色圆球而来的三位外星同类。这是三位不肯透露姓名的航天工程师泄露出来的。

据说那天，两个宇航员突然发现有一个体积约比"礼炮六号"小一半的银光闪闪的圆球体进入太空实验室的运行轨道中，这个圆球体与宇航员乘坐的"礼炮六号"并列航行。当时，彼此相隔一公里左右。第二天，银圆球突然运行到距"礼炮六号"仅 100 米处。两个宇航员借助望远镜发现该球体共有二十四个窗口及三个较大的圆孔。从这三个圆孔中，他们惊诧地看见了三个浓眉大眼，鼻梁挺直，皮肤呈棕黄色，眼睛约有地球人两倍那么大的外星人。外星人面部无任何表情。当两者彼此靠近仅有三米之距时，苏联人拿出自己的导航图展示给外星人看。外星人也展示了自己的导航图，虽然文字上看不懂，但上面竟也绘有我们的太阳系。其中一个苏联人向外星人竖起了大拇指致意。对方也做出同样动作回礼。

苏联宇航员为同外星人沟通，便使用闪光灯发出莫尔斯电码，但未获回应，又改用莫尔斯电码发出"数字讯号"，这次却收到相同的数码讯号回应。后来用数学分析，该组数码讯号竟是一些复杂的方程式。

在以后的两天里，三个外星人曾离开圆形物体在太空中多次漫步，既没穿宇航服，也无任何供呼吸的装备。载有外星人的银色圆球在与"礼炮六号"并排航行四天后，才终于离开，消失在茫茫宇宙之中。

如果这位知情人士透露的情况属实的话，那么，我们完全可以确定外星人的存在。然而这位自称是知情人士的人到底有没有撒谎呢？我们也不得而知了。

外星人长什么样

巴西出现"独眼外星人"

> 关于外星人的外貌，众说不一。有人认为他们是长头发的，有人认为他们没有耳朵，也有人认为他们耳朵硕大……世界各地汇聚了各种形态外星人的描述……当然，这中间也有人说外星人是独眼的，就是下面这例在巴西出现的奇特的"独眼外星人"。

巴西研究人员日·乌·贝殖伊拉在他写的一部叫《外星人》的著作中，列举了诸多对独眼外星人的目击事件：在阿根廷、巴西和智利发生的四起事件中，共发现十三个独眼外星人。他们的个子很高，约2.5米，穿着一套深色紧身的连体服，有的还身穿带有金属光泽的连体套装。在其中三起事件中，还见到头顶戴有发光物的独眼外星人，但目击者却没有在意他们是否带有武器。根据这些外星人的脑形判断，他们的头跟我们普通人的差不多。只是光秃秃的，仅有一次发现他们长着长发。他们没有鼻子和耳朵。在一次事件中，发现这些外星人还长有特别突出的上犬齿。而在另一次事件中，还发现他们的皮肤是红色的。然而，这些外星人最重要的一个突出特点是：在额头正中，端端正正地长着一只大眼睛。"独眼外星人"之称就是由此而来。

1969年10月9日在阿根廷，一个目击者在光天化日之下发现一队独眼外星人，距离他们不到十米远。这些外星人的个子很小，约80厘米高，还穿着宇宙服。1965年，在秘鲁也同样遇到过这类外星人。他们的举动和我们地球人没什么两样，目击者未能同他们进行交谈。

表现出侵略性的往往不是外星人，而是地球人。在两次事件中，地球人曾试图首先攻击独眼外星人，但这一举动未遂：外星人没使用任何可见武器，却有一种神奇的力量使主动出击的地球人两手瘫软无力而失去攻击能力。

关于看见独眼外星人的最重要消息是一个后来成为农场主的警察 1969 年报告的。当时，他正驱车走着，突然发现在附近的一个树丛上空有一个飞行物，他吓得浑身发冷，于是，停下汽车，开

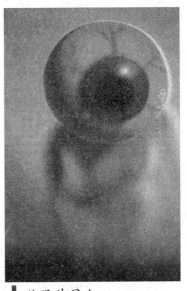

独眼外星人

始观察那个飞行物：他透过飞行物那透明的圆顶十分清晰地看到里面的外星人，他们的身高约 80 厘米，长着又长又亮的头发，就像嬉皮士的那种头发。在额头正中长着一只目光炯炯的眼睛。这个飞行物有时还放射出五彩缤纷的异彩。与飞行物接触的树枝被重重地压弯。过了一会儿，那飞行物便无声无息地升空飞走了。事发后，目击者立刻报告了警察局。专家们对飞行物出没现场的调查表明，飞行物接触过的那些大树的顶部全被烧焦了。

此外，还有另一个存在独眼外星人的物证。1989 年 9 月 2 日，在斐济南部约九十七公里的伊达佛岛上的沙丘里发现一个独眼外星人的头骨，该头骨恰似香瓜大小，是属于一个在 1941～1944 年间死亡的独眼外星人的，该独眼外星人身高约 2.4 米。日本就此还写出了一份长达二百页的报告。独眼外星人的头骨曾在东京展出。

专家们认为，"独眼外星人"的这一发现可能会永久改变我们对古代神话的态度。如果今天我们能幸遇独眼外星人，肯定会极认真地去研究神话学中观察事物的那些观点，这些观点或许并非都是臆造。

俄罗斯出现"六指外星人"？

关于外星人外貌和形态的描述，一度曾经达到了古怪离奇的程度，很多人将外星人的外貌描述得神乎其神，而且充满了详细的细节。更有趣的是，有些人把外星人的某一特征记忆得非常清楚，如有的人记忆中外星人有很大的耳朵，有的有奇特的肤色……而在下面这例外星人当中，目击者对外星人的"六指"记忆非常清楚。有的科学家称这是人类的思想和现象的重叠，但是当事人却对此深信不疑。

1953 年 8 月中旬，一个奇异的光球风驰电掣般地从俄罗斯波尔塔夫州基坎区斯塔尼夫卡村上空掠过，转眼消失在附近的深山里。

1953 年 8 月 17 日，一个叫安德列耶芙娜的七十五岁老妇正在该村的一口井打水，她突然发现，在菜园角落的一棵苹果树下站着三个人，他们正在折一根带苹果的树枝，然后他们又朝另一棵李子树走去，他们手里还拿着某种试管和长颈玻璃瓶，其中一个人偶然向安德列耶芙娜瞅了一眼，然后转过头去对他的两个同伴说了些什么。他们向四周张望了一下后便全都愣住了。安德列耶芙娜冲着那三个人说："喏，到我这儿来！你们干嘛站在那儿?!"最初，安德列耶芙娜以为是三个偷果人。

原来，这三个都身着像航天员一样的连体服，手上戴着手套，试管里还装着青蛙和蜥蜴。其中一个人朝着安德列耶芙娜高高地挥着手

外星人未解之谜

114

用俄语说:"我们是外星人,是来这里找自己人的——他们失踪了;他们不应该死,他们也是三个人,没能回来。为了寻觅我们的伙伴,我们已绕地球飞行了六圈。"

这时,安德列耶芙娜慌了手脚,连忙躲到圣像后面开始用于在胸前面划起十字祷告说:"上帝,他们怎么到了这步田地!?"三个外星人看了一下圣像说:"我们哪是什么上帝,我们的祖籍星球就在那儿,除了我们的星球外,还有另外三颗文明星球。我们这些文明星球之间从来都是相互帮助的。其中有两颗行星同我们相距甚远,不过,我们依然了解它们,它们也同样了解我们。"

这三个外星人看上去很高——足有三米高,蓝眼睛,牙齿很大,说起话来很粗鲁。安德列耶芙娜同情地说:"我从未听说过你们那里发生过战争,战争能制止吗?"三个外星人回答说:"我们知道你们正在打仗,这很不好。我们那儿从未有过战争。"

然后,其中一个外星人提起水桶,把一支试管灌满了水,又拿出一个装有别的液体的小瓶向试管中滴入几滴液体——转瞬间,试管中的水变成玫瑰色,然后又变成天蓝色,最后又变成无色透明体。"这是好水,可以喝。"外星人说。然后,他从手上摘下一只手套,这时能清楚地看见,那个外星人的手又大又白,上面长着六个手指。那个外星人用摘掉手套的手触摸了一下安德列耶芙娜的手,她感到外星人的

奇异外星人

手很凉。那个外星人又说："你看，老大娘！"这时，他把一件类似管子样的东西对准一块大石头，这石头顷刻间熔化了，周围的土地也开始燃烧。那个外星人解释说："我们失踪的朋友就是随身佩带这种管形武器进行自卫，因为你们地球人很丑恶，总是富有好战性。"

在安德列耶芙娜左侧不远处停着一个光球，旁边还站着一个外星人。那三个外星人向安德列耶芙娜辞别时提醒道："请暂且不要把关于我们的事告诉给任何人。"

当安德列耶芙娜把与外星人的奇遇讲给村里人时，谁都不相信这是真的，把它视为"天方夜谭"。于是，安德列耶芙娜把外星人送给她的面包拿给大家看：外星人的面包比俄罗斯硬币——5戈比稍大一点，它中心的颜色很深，闻起来没有气味。这时，围观者你瞅瞅我，我看看你，谁也不敢亲口尝尝这来自外星的食品。于是，安德列耶芙娜精心地把它收藏起来，等待有朝一日交给科学家研究研究。遗憾的是，由于安德列耶芙娜年迈记性差，把外星人告诉的祖籍星球名称给忘了。

其实，我们地球上也有六指人，地球上的六指人不仅长着六个手指，还长着六个脚趾，科学家们认为，这是罕见的多指（趾）显性变更基因作用的结果。然而，今天地球上的六指（趾）人能否是六指外星人的后裔，眼下尚不清楚。

恐龙化石内发现
"外星人头盖骨"

大家都知道，恐龙灭绝于（人类史前）6500 万年～7000 万年前的白垩纪时期，远远早于人类诞生并存在的时期。但是在美国俄克拉荷马州竟然发现了一个含有人类头盖骨的恐龙化石。这一事实让科学家们震惊。于是人们猜测，这不是人类的头盖骨，而是外星人的头盖骨。也许，在人类产生之前，恐龙和外星人曾经共同主宰过地球？

据报道，一个偶然的机会，在美国俄克拉荷马州竟然发现了一个怀疑是外星人的头盖骨。当时，出土了一个一亿一千万年前的大型长颈龙的化石，据推断这只长颈龙有 18 米高。但更令人吃惊的是，在它的腹部竟然发现了一个神秘的头盖骨。

这个头盖骨的形状与人类十分相似，不过相当小，而且头顶部也比人类的往外突出了许多，眼窝呈杏仁状。

当然了，还没有

外星人

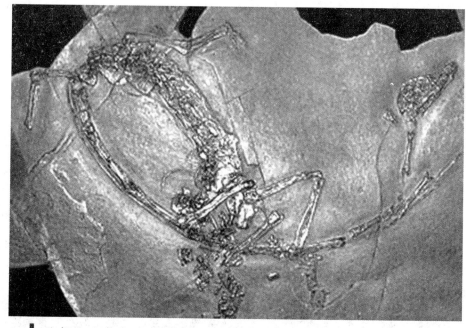

▌恐龙化石内发现头盖骨

足够的证据表明在长颈龙兴旺的时代就有人类生存的事实。这样一来，这个神秘的头盖骨就必然是一个类似人类而并非人类的生物的了。

据说这个头盖骨因此被送到了华盛顿德比特·波斯比博士的研究所里以供调查研究。据流传出来的消息说，这个头盖骨的主人很有可能是一个个子比人类小，拥有足以与现代人匹敌的高智能的生物。难道说，外星人在史前就已经访问过地球了？另外，迄今为止普遍都认为长颈龙是草食恐龙，但在这次的发现中，却发现它也有可能是食肉或是杂食恐龙。这个头盖骨的发现，不但外星人的存在学说，就连与恐龙有关的一些定论说不定也会因它而改变。

巴西山洞中发现
"外星人遗骨"

恐龙化石内部的外星人头盖骨已经让人称奇，巴西一座古城遗址中发现的奇特遗骨更让人匪夷所思。它具备人类的某些特征。却又具有某些外星人的特征：头颅很大，眼眶距离很近，三个手指……这些遗留在地球上的宝贵证据似乎在向人们说明：外星人其实离我们并不遥远。

1988年，一个考古队声称在巴西深山中发现了一个外星人居住过的地下城，这对研究外星人很有帮助。

由巴西著名考古学家乔治·狄詹路博士带领二十名学生到圣保罗市附近山区寻找印第安人古物，却找到了这个外星人曾居住的城市遗址，迹象显示，这个城市已存在八千年之久了。

当时这个考古队的一名学生，无意中跌落到一个二十英尺深，又湿又黑的洞穴之中。狄詹路和其他同学立即去救他，这才发现洞穴内别有天地，不但宽大而且深不可测。他们在手电的照明下，找到一个巨大的密室，里面放满了陶瓷器皿，珠宝首饰。更令人吃惊的是，他们还发现了一些只有四英尺高的小人状骷髅。

狄詹路博士说："我最初还以为找到了一个古老印第安部落遗迹，直到我细看骷髅后才知道不是。它们头颅很大，双眼距离较一般人近

119

得多，每只手只有两个手指，脚上也只有三只脚趾。"

狄詹路博士等人再深入洞内，还发现了一批原子粒似的仪器和通讯工具。根据对洞内物件年份的鉴定，显示它们超过六千年以上。毫无疑问，这是一个曾在南美洲生活的极先进的外星民族。发现的那些骸骨与人类不同，其智慧也远远超出人类。从发现的通讯器材来看，他们必是来自另一个银河系，为了某些原因才在地球上定居下来。这次发现外星人地下城古迹是前所未有的。如能揭开其来龙去脉，将能更好地了解这个宇宙。

巴西山洞

开罗青年自称遇到了外星人

也许和其他遇到外星人的事件相比，下列事件没有什么特别和离奇之处。但是这一事件在众多的目击外星人事件中非常具有代表性：在人烟稀少的环境中，看到圆盘形飞行器，接着走下几个外形奇特的外星人……人们可以认为这些目击者在撒谎或者编故事。但是这些人对自己的证词确信不疑。

开罗大学在 1990 年 7 月 16 日，举行了一次奇特的新闻发布会，介绍了对一名自称遇见了外星人和飞船的埃及青年的化验检验结果。这是埃及首例不明飞行物的报告。小伙子当众回答了几十个提问，令各国记者和学者们大感兴趣。

这位二十七岁的农村青年名叫克利姆，是一所电力学院的毕业生。1989 年 10 月的一天，他为了进行马拉松赛训练，跑步穿越艾斯尤特沙漠的神庙山。这天清晨，他跑到了中途，忽听一阵尖啸声，并且越来越尖锐，他有些害怕，但没有停下步来。当他跑到一沙丘顶，眼前的情景令他目瞪口呆。一个金光闪闪的东西向他靠近下降。当这个形如球状飞船的东西靠近他时，他感到身体轻飘，迷醉一般被带入了飞船。在他眼前是密布的线路管道，五彩讯号灯和按钮、电视屏幕。一会出现三个外星人，他们长腿短臂，头小颈长，脸色暗绿而起皱，各长了三只眼睛。两个人离他四米，一个人慢慢靠近，手中拿着一台录音机似的仪器放在他右手上，他的手骨立刻显示在四周的屏幕上。外星人又把一玻璃管放入他口中，他一紧张把玻璃管咬碎。外星人面面相觑，一言不发。后来他又被带入一间闪烁光线的明亮房间，用各种仪器

外星人

检查他。然后，让他沿着一束强光走，忽然强光消失，他已躺在沙地上，那圆形飞球早已无影无踪了。

后来，克利姆来到开罗亲戚家。他一靠近电视，图像就受到干扰并立即消失；他离开些，电视画面便恢复。更令其亲友惊讶的是，克利姆喝茶之后，若无其事地咬碎玻璃杯，嚼碎后咽下。他还能毫不费力地吃木头、金属和硬币。

美国大学理工系主任赛弗成立调查组检查克利姆，拍了录像。他们在实地测量时发现，飞碟未留下压痕，但该处的射线剂量明显高于周围。经过对克利姆的检查发现，他的身体、智力均正常。因此有一些学者相信，如其所述确有其事，但也有一些心理学家认为，他的确有些吃硬物的奇异功能，也知道一些外星人和飞碟知识。他的脑电图有些异常，他小时又得过癫痫，认为该奇遇是他精神分裂，把想象当成事实而臆造的。

后来，克利姆被送到埃及核能委员会作更深入的检查。

恐怖的"黑衣人"

在所有关于外星人形象的描述中，最让人恐怖和迷惑的可能就是"黑衣人"。一般人们容易将它们联想成披了黑衣或者戴了面罩的劫持者，但是众多伴随"黑衣人"出现的离奇事件却让人们不能将他们归类于普通的"劫持者"，他们来到地球的目的似乎是毁坏和消灭一切与人类认识外星文明有关的证据。如果人们抱怨为什么长久以来得不到任何确凿的外星文明存在的证据的话，他们应该就是导致这一结果的"罪魁祸首"。

在研究外星人的过程中，我们会遇到关于"黑衣人"的许多消息，这些神秘莫测的"黑衣人"的出现给我们研究外星人方面又新添加了一个课题。许多研究外星人的专门人员也逐渐开始对"黑衣人"给予了很多的关注。

1973 年，美国的《宇宙新闻》杂志中一篇研究"黑衣人"的专论的发表在世界上引起了广泛的反响。文中运用了很多的事实来证明，"黑衣人"在地球上的存在可以追溯到很远的过去。但作者又指出：或许是由于我们的祖先当时对外星人始终持迷信的态度，而"黑衣人"目前受到的地球人类的影响和威胁逐渐频繁化，因此，现在"黑衣人"出现的频率也逐渐升高，出现的方式也逐渐公开化。这是因为"黑衣人"如果真的肩负着保护他们那个人种的使命的话，那么我们就完全可以认为，"黑衣人"的出现也是必然的。

　　我们不禁要问：这些"黑衣人"究竟长什么样呢？有人说他们是外星人派到地球上的一支"第五纵队"。但到目前为止人们所知道的只是一些支离破碎的情况：他们大都是彪形大汉，他们身穿黑色衣服，他们的面庞是"娃娃脸"或"东方人的脸"（这一点很重要）。在通常情况下，他们遇到人时总要详细盘问，然后把人身上有关他们的记录、底片、照片、分析结果、飞碟残片等等都统统拿走。但是，如果"黑衣人"为了达到他们的预期目的的话，或许他们也会向人类施加心理压力，更严重的话还会对人类实施凶杀行为。虽然这种情况是十分罕见的，但是一切皆有可能，我们也不能对其进行否认。

　　世界上一些研究外星人的专家认为，通过许多的事发情况，可以推断"黑衣人"的存在是毋庸置疑的。他们同人们接触的事例已不胜枚举，因此我们没有任何理由把这种接触说成是某种幻觉或有人想故弄玄虚。既然他们的存在是确凿无疑的，人们就必然会设法从理论上去解释他们。有人把"黑衣人"说成是美国中央情报局的特工人员，这种假设曾一度广为流传，而且还有人为此而发表文章。例如，加拿大杂志《魁北克 UFO》的一期中就有威多·霍维尔的文章，题目是《"黑衣人"与中央情报局》。作者指出，"二十一年来，中央情报局一直深深地插手于飞碟问题"，"为了让诚实的目击者说出他们观察到飞碟的情况，中央情报局用过'黑衣人'这种手段"。

　　威多·霍维尔写道："在世界各地流传的有关飞碟的书籍，我们看到了许多'黑衣人'的案例。这些'黑衣人'被目击者碰上，因此目击者拍下了照片和 UFO 影片，有的还拿到了证明'黑衣人'存在的物证。'黑衣人'有各种方法威胁目击者，甚至以他们的亲人安全为手段，不准他们说出任何事情。'黑衣人'会把留下来的一切证据统统带走，并且不会再出现在同一个地方。"

　　"但十分可惜的是，当我们仔细地分析'黑衣人'的问题时，'中央情报局的假设就站不住脚了。的确，'黑衣人'竭力阻挠扩散有关飞碟现象的案情，这很可能是诸如中央情报局或美国海军部的特工人员干的，但是，人们不禁要问，直接受到飞碟研究工作威胁的飞碟主人为什么不这样干呢？到目前为止，尚没有飞碟主人阻挠扩散 UFO 现象的证据。"

1978 年，英国潘塞出版社出版的《宇宙问题》一书的作者约翰·A·莫尔极其正确地指出：人们对"黑衣人"出现的不同时期有着明显的不同看法，这是因为人类的认知水平是不断的向前发展的原因造成的。先后曾把他们误认为是"耶稣会会员"、"共济会会员"、"国际银行家"以及最近的"中央情报局特工人员"等等。但是由于这些"神秘的人"早在驰名世界的这一情报机构创立之前就已活跃在地球上了，因此，仅这一点就足以表明，把"黑衣人"说为中央情报局人员的假设是站不住脚的，例如，在 1897 年，美国堪萨斯州曾有人看见一个"黑衣人"拿走了地上的一块金属板。不久，一个飞碟在此飞过，并扔下了一个东西，原来就是那块被"黑衣人"先前拿走的金属板。美国新墨西哥州圣菲市以南的加利斯托·江克辛村，也有过一起同类事件。1880 年 3 月 26 日，有四个人看见一个"鱼状气球"在他们村子上空飞过。有一个东西从"气球"上掉了下来，他们赶紧跑过去一看，原来是一个瓦罐一样的东西，上面刻满了潦草难认的象形文字。目击者把这东西送到村里的一家商店。那瓦罐在店里展出了两天，第三天，有一个自称是收藏家的人把它买走了，那人出了一笔极高的价钱。从此以后，就再也没人谈起这个瓦罐了。

像这样的例子我们所知道的不只一两个，甚至在更加遥远的年代也有类似的例子发生过。因此"中央情报局特工人员"的假设也便露出了破绽。再说，难道所有的特工人员都有一副"东方人的脸"吗？前面已经说过，这一细节是十分重要的。请不要忘了，在美洲和地中海沿岸，当地土著人都有个习惯，那就是把孩子们的脑壳都弄成鸡蛋形状，这样的脸形不就是一位对人类形态学毫无知识的西方目击者所描绘的那种"东方人的脸"吗？现在，让我们再回到"中央情报局特工人员"的假设上来。据专家们说，"黑衣人"十次中有九次能在风声走漏之前就把目击者除掉。

1951 年的一天，在美国佛罗里达州最南端的基韦斯特，当时有好几个海军军官和水手正驾驶着一艘汽艇在佛罗里达海面疾驶。突然，一个雪茄状的物体出现在海浪上发着一种脉动式的光，一个淡绿色的光柱从它的"壳体"上射出，似乎一直射入了海底。目击者用望远镜看得一清二楚。还有一个有趣的细节是，出现这个雪茄物体的海面上即刻就漂浮起一大片翻起肚子的死鱼。忽然，地平线上出现了一架飞机，而那个雪茄状的神奇物体也随即升入高空，几秒钟之间它就无影无踪了。

汽艇刚刚在基韦斯特港系揽靠岸，艇上的军官和水兵就遇上了一群身穿黑色衣服的官员。这些官员把他们叫到一边，向他们询问了许许多多关于在大海上看到的情形。据一位目击者声称，这些官员千方百计地想使目击者把此次目击时间的真实性加以扭曲，而且这些"黑衣人"还特别提醒目击者对此次令人吃惊的事件保持缄默。

在外星人的研究以及目击史上，有许都关于"黑衣人"的事件。最令人震惊，同时也是最有名的案例，要算"国际飞碟局"主任及《航天杂志》经理——艾伯特·K·本德事件了。

国际飞碟局是一个民办机构，其任务是从各个方面研究飞碟现象，《航天杂志》则是这一组织的刊物。1953 年 7 月，本德在这本杂志上登出了这样一篇文章："飞碟之谜不久将不再是个谜。它们的来源业已搞清，然而，有关这方面的任何消息都必须奉上面的命令加以封锁。我们本来可以在《航天杂志》上公布有关这方面消息的详细内容，可是我们得到了通知，要我们不要干出这种事来。因此我们奉劝那些开始研究飞碟的人，千万要谨慎啊！"

1953 年底，三个身着黑衣服的人来拜访本德，他们要本德放弃他的研究。几天之后，国际飞碟局就解散了，《航天杂志》也停办了。

1954 年 10 月，一家名叫《联系》的杂志骄傲地宣称："我们了解到了关于飞碟性质的一个无可辩驳的事实。"

但是，令人遗憾的是，据说，有一个"高级人士"下令禁止公布这个"无可辩驳的事实"的详细内容。

著名的英国《飞碟杂志》的创办者，瓦维尼·格范先生因患癌症于1964年10月22日去世。从表面看来，他的死似乎没有什么奇怪的地方。格范平时十分谨慎地在家珍藏着一大批有关飞碟的材料，但是让人不解的是，格范死后，他家里竟然连一份让人可以值得研究的材料也没有留下。

更加让人惊奇的是，另两名蜚声世界的飞碟研究家 H·T·威尔金斯和弗兰克·爱德华兹正要宣布重要发现时，两人却都在异常情况下猝死身亡。难道这又仅仅是巧合吗？

此外，有关的知情人士还透露，"黑衣人"常用他们可怕的黑衣服来换美军服装。弗兰克·爱德华兹在他写的一本书里描写了美国一家大联合企业的干部所遇上的此类事情。这个干部于1965年12月目睹了一个飞碟，后来便有两名"军官"拜访了他，向他提了一大堆问题，然后对他说："你应该怎么做，这用不着我们说，不过我们向你提个建议：请不要向任何人谈论此事。"

当然，在这个案例中，人们完全可以把所谓的神秘"黑衣人"认为是些真的"军官"。可是，好多目睹了飞碟的人也都有过类似的遭遇。至于这些"军人"至少可以说他们的行为既是反常的，也是令人吃惊的。当目击者谈论起他们时，就会说他们长的是"东方人的脸"，他们比我们一般人的身材要高大得多，他们坐的是"黑衣人"常用的那种车子，车身漆黑，车牌极其罕见。有时，目击者也向军事当局提出抗议，但军方回答说他们对此一无所知，根本不了解彪形大汉的来踪去影。约翰·A·基尔说，他已经调查了五十多个案例，这些"军人："或是直接找到目击者，或是通过电话同目击飞碟或拍到飞碟照片的人联系。约翰·A·基尔曾走访了五角大楼，想验证一下那些人是否真是军队派去的。但是，令人吃惊的是，五角大楼明确地对他所说的"黑衣人"调查事件表示否认。

那么，他们到底是些什么人呢？他们的目的何在呢？他们拥有什么手段？他们来自何方？全世界的飞碟学家都在思考着这些问题。1971年，加拿大的一家刊物《阿法杂志》第6期上，以《神秘现象研究会的思想路线》为题发表了一篇研究"黑衣人"的文章，这篇文章内容丰富，立论明确。文章在分析了飞碟研究者通常遇到的困难后指出："……我们认为，在'黑衣人'、海底碟状物和水下失踪案这三者之间存在着一种直接的关系。"

"我们暂时做个假设，假定这些'黑衣人'就是外星人。出于一些我们所无法理解的原因，这些人经常袭击飞碟学者。我们所看到的飞碟很有可能像人们所设想的那样已在地球上建立了基地，他们在那里降落，以便准备某项工作，或在基地留下一些人，负责监视我们的地球。海底对我们人来说是个在将来很长一个时期里仍将是不可涉足之地。他们把基地设在海渊中，他们的飞行器在这里降落或起飞。如果充分发挥我们的想象，各种情况都有可能。地球人更多的是想登上月球和我们这个太阳系的其他星体，于是便忽视了对自己所居住的星球的研究。因此，地球人对海底的探索十分缓慢和谨慎。人们不时地在报上看到一些消息，今天说'尤里戴斯号'潜艇不见了，明天说'放雷舍号'潜艇失踪了，后天又说某某潜艇不知去向。我想，这些潜艇也许离飞碟海底基地太近了吧，或者也许是艇上人员拍到了海底基地外层设施的照片？"

但是，作为对外星人研究的支持者，这篇专著的作者承认，外星人的假设是合理的。文章的作者强调指出，他认为"黑衣人"不是对所有飞碟研究者或飞碟组织都统统反对的，他们袭击的对象，仅仅是那些偶尔"发现或查明了外星人在地球上落脚的人"，至于那些找到证明外星人存在或出现的事实的人，"黑衣人"是不管的。这就说明了为什么像本德这样的人遭到了"黑衣人"的麻烦，而另一些同样杰出的研究者（他们得到的线索对"黑衣人"以及派遣"黑衣人"的人不甚危险），却从未接待过长着"东方人脸形"的"军人"的拜访。

约翰·A·基尔关于这一点也有过重要的论述。他发现在有关

"黑衣人"的目的问题上，这些人十分明显地竭力反对和掩盖飞碟来自地球的假设，同时还鼓励人们对飞碟来自地外某个星球去进行猜测。由于本德恰巧在摈弃飞碟来自某个星球的假设时，受到了三个陌生人的登门拜访，因此他不得不中断了自己的研究。另有一些虽然放弃了这种假设的研究，但是一个又一个的电话威胁和其他形式的威胁也向他们发起了进攻，而令人感到欣慰的是那些持飞碟来自外星观点的学者非但安然无恙，还可以继续太太平平地进行自己的研究。

约翰·A·基尔指出："如果一个目击者给你送来一块飞碟上掉下的无法辨认的金属片的话，你不会遇到任何麻烦。可是，如果一个目击者给你拿来一块铝片、镁片或硅片的话——这是地球上到处都可以找到的——那么，你就很可能在家里接待一个身穿黑衣、肩负'说服工作'的神秘客人的来访。"

十分有趣的是，很多研究者或机构丢失、损坏或神秘地失窃的大量重要物证恰恰都与飞碟的来源有关。

关于"黑衣人"的说法与研究相信不会停止，至于地球上其他无法用科学来解释的奇特自然现象是否也与类似于"黑衣人"之类的所谓的外星人有关，我们不得而知，关于这类的话题以及题材方面的争论还将会持续下去。

奥德萨"外星人遇难事件"

虽然据人类的种种推断，外星人类握着高于人类文明的力量，但是不能否认的是，他们也有失误的时候。在地球上发现的多例外星人遗骸和遗骨事件就证明了这个问题。这些外星人因为某个飞行失误或者意外事故跌落在地球，就如同人类的飞机坠落，永远失去了和家乡的联系。而他们的失误却为人类寻找外星文明提供了参考依据。

1948年3月25日，一架银光闪闪的圆盘形飞碟突然出现在新墨西哥州的奥德萨市郊上空。它在空中抖了两下便栽了下来，坠毁在该市东北19公里处。当时三处雷达站都同时发现。

事后，美国空防部和当时的美国国务卿佐尔茨·马尔萨勒将军立刻同"MS-12"专门小组和美国反间谍机关中的"天外来客"部秘密接触，决定立刻组成一个联合调查小组奔赴现场。

联合调查组在几小时内赶到飞碟坠毁的地点。只见一架直径三十多米的银白色金属圆盘半倾斜地卧在一片荒野上。调查人员对飞碟外壳采用化学和物理的各种方法进行研究，惊奇地发现：飞碟外壳是用类似铝合金一样的轻金属制成的，轻如塑料，坚似金刚石，即便用最硬的金刚石钻头也无法穿孔，能耐受住一万摄氏度高温。进一步分析还发现，飞碟外壳的金属含有三十多种元素，目前在地球实验室的条件下，根本不可能制造出来。

　　调查人员发现，这是一个平心轮式飞碟，大金属环围绕着一个平稳的中心舱室旋转。上面没有一颗铆钉、螺丝，甚至连焊接的痕迹都没有。

　　调查人员费了好大工夫才找到飞碟的舷窗，他们敲碎一扇窗户，钻了进去。飞碟上的舷窗看上去酷似金属，同外壳很难区分，后来才搞清楚是透明的。当摁到一个按钮时，暗门自动打开，这便是入口处。

　　此外，飞碟上有自动驾驶仪，安装在凹槽中，密集地与飞碟主体联结着。舱室直径为5.5米，在主体上部，与驱动机械装置相连接。

　　在飞碟里发现一台没有电子管的无线电发射机及其他物品共150件。飞碟仪表盘上有几个带有文字标志的按钮和手柄，这些文字在显示器屏幕上还能发光。还发现一本书，书页类似塑料一样坚硬，文字很像梵文。

　　在飞碟内有十四具外星人尸体，它们身高约90～105厘米，一看全是侏儒。由于坠落的强大惯性，有两个外星人被重重地摔到仪表盘上，尸体被烧成深褐色。其余十二具尸体都两臂张开躺在舱室的地板上。

　　外星人的面部特征很像蒙古族人种，长着一个与身体很不相称的大脑壳，额头又高又宽，下颏小些稍有突出；头发长而光亮；一双水滴状浅蓝色的大眼睛翘向太阳穴；鼻子和嘴很小，嘴唇很薄；躯干部瘦小，颈部很细；手臂瘦长垂至膝盖，手指间有蹼；脚扁平，脚趾很小。外星人平均体重只有18公斤。解剖发现，外星人根本没有消化系统和胃肠通道，也没发现有生殖器官。

　　外星人的血液是无色的，不含血红素，不过，淋巴系统更为发达。它们的身上还散发一种类似臭氧的难闻气味。

外星人长什么样

131

"两栖类外星人"

> 两栖类外星人是外星人中比较特殊的种类。它们或许来自于某个水域广阔的星体，更或者来自于比地球更适合生命存在的星体。他们的外形类似人，但是手脚上有蹼，想必他们十分善于游泳。但是关于两栖类外星人的报道并不多，我们只能从一些零碎的信息当中去挖掘一些相关的残迹。

天下之大，无奇不有。我们所接触到的目击者对所见到的外星人外貌的描述，往往在古代文献中也会遇到。

约翰内斯堡的飞碟专家劳·布特拉尔从类型学的角度把"类人生物体"划分为三种类型，他对其中的一种类人生物作了如下描述："这种类人生物的身高约一米，四肢粗大，大脑壳，脸长得像心脏，嘴上无唇，手上有四个指头，而且指间往往长有像水鸟脚上一样的蹼。"

据从美国空军内部透露出来的机密文件介绍，在美国的一个秘密空军基地，迄今仍保存着一些外星人尸体，他们的身高为一至两米。眼睛长得很大，眼角稍向上翘着。没有鼻子，只是在鼻子的位置上明显露出一个或两个鼻孔。更没有耳朵，也是在耳朵的位置上长着小孔。他上肢瘦长，手上也是四个指头，而且指间有蹼。

1954年11月29日凌晨2点，一个圆盘状发光的飞碟在委内瑞拉首都加拉加斯附近的一条公路上着陆，它挡住了一辆卡车的去路。这时汽车司机索菲尔·古斯拉夫·冈萨雷斯走出驾驶室，他突然发现一个毛发丛生的矮个外星人正面对面地站在他眼前。这个类人怪物的手指端还长着爪，指间也有蹼。

应当指出，上述类人生物事件不过是各种类似事件中的几例，在所有与类人生物接触的事件中，都发现他们有异常的解剖学特征。由此可令人信服的确认，目前所发现的某些飞碟乘员都具有以下奇特的生理特征：指间带蹼，而且手指的数目多半是四个，但往往是三个。

我们再来回顾一下历史，住在尼加拉瓜的印加至今流传着一个传说：从宇宙中飞来一艘金色的飞船，一个名叫"奥丽娅娜"的女指令长率领着这艘飞船。这位女指令长的手上就长有四个指头，而且指间有蹼。据说，她在地球上生下七十个孩子，然后又回到她的祖籍星球。

由此可见，无论古代的神奇传说，还是今天与外星人接触的现实事件，都有一个共同之处：这些类人生物的手指上多半长有蹼。难道他们是来自宇宙中那些正处在水陆两栖演化阶段的类人生物？

野人是外星人吗?

外星人未解之谜

> 有关野人的消息已经传变了全球,但是关于野人的真正面目我们人类还并没有搞清楚,有关的生物学家则提出了大胆的观点,野人有可能是外星人,那么,野人真的是外星人吗?

近年来,关于野人出没的事件的出现层出不穷,因此,这也激起了很多专家、学者极大的研究兴趣。

1952年9月美国弗吉尼亚地区的一个小村庄的一群孩子,发现一个很像一个鲜红的大球似的怪物从村后面的树林里走出来。孩子们报告了当地的宪兵队,宪兵队派人同孩子们一道到树林里去搜查。果然找到了一个身高约4米,身体与人体相似的怪物,它头上还戴着防护帽子,面孔呈红色,两只大眼睛呈橘黄色,身穿像是用橡胶一类材料做的衣服。从它身上散发出一股难闻的气味,这个怪物像是在地面上移动,而不是在走动。孩子们见此情景,吓得四处逃窜,连宪兵带去的狗也吓得跑开了。他们跑回去用电话报告了长官,等长官再派人到那森林里寻找时那怪物已经消失得无影无踪了。但那股难闻的气味依然米散在周围的空气中,而且好像有什么东西在空气里移动似的,这些让在场的人都感到很难解释。

1963年7月23日午夜1点,美国俄勒冈州有3个人同乘一辆小汽车在公路上行驶着。突然,汽车前面出现了高4米、灰色的头发、绿色的眼睛、看上去像人一样的庞然大物正在漫不经心地横穿马路。几天以后，还是在俄勒冈州，一对夫妇正在刘易斯河边钓鱼，突然，他们看见河对岸一个像人一样的东西在瞧着他们。这"野人"还穿戴着像风帽一样的护身衣，身高也不下 4 米。这对夫妇吓得连忙逃走。

有人在刘易斯河附近还拍摄到了另一些脚印：两个脚印间的距离达 2 米，估计这个野人体重达 350 公斤。《俄勒冈日报》派记者前往野人出现的地区调查，终于拍到了许多奇怪的脚印。这些脚印长 40 厘米、宽 15 厘米，估计留下脚印的生物体重超过 200 公斤。由此可见，野人的突然出现并不是偶然的巧合。

那么，上述那些类似人类的生物的频频出现究竟是什么呢？它们是从什么地方来的呢？目前，虽然有很多关于野人的传说以及一些拍摄下来的野人脚印的照片，但是尚没有确凿的证据得出结论证明那些传说和脚印的确就是野人，所以我们得到的一些说法还只是一些假说而已。

"野人"是残留下来的古代人类吗？看来不大像。因为像美国这样的国家，科学技术十分发达，为了防止森林火灾，上述"野人"出没地区的森林时时刻刻都有直升机巡逻。而且，该地区人口也很稠密，在这样的地方，还生活着古代人类是不大可能的。如果真有什么古代人类留存至今的话，他们也不可能是一两个，所以不被人们发现更是不可能的。

那么，地球上出现的野人的真实面目到底是什么呢？这类发现的"野人"是不是来到地球上的外星人呢？这也是难以令人相信的。目前人们谈到的"野人"，看来智力都并不很发达，至少没有给人以智力发达的印象。

世界上许多专家认为，虽然野人与我们目前从外星人目击者口中所知道的长相有很大的区别，但是所谓的"野人"是外星人发送到地球上来的实验品也并不是没有可能的，他们如同地球人发送到月球上去的动物试验品一样。这种说法不是没有道理的。第一，目前发现的

外星人长什么样

135

"野人"一般都单独活动，且不在同一个地区反复出现。第二，地球人不是已经在向外星发射探测试验品了吗？第三，在美国所见到的"野人"，他们的形象都不大一样，莫非外星人发来的试验品也像地球人进行试验时一样，有时用狗，有时则用猴子？第四，有谁能肯定外星上像人这样的生物一定也是有智力的高级生命吗？也许那里是别的生物主宰的世界，而像人这样的生物则只相当于地球上的大猩猩！

这样的推测虽然并没有一定的事实依据来证明，但是这也符合我们的推断逻辑，人类在研究外星人的过程中，这种推断的方法是不可或缺的，也许外星人将它们发送到地球上，在完成试验后，又接回去了吧！

美国弗吉尼亚地区发现"怪物"的森林

神秘的水下怪物是外星人吗？

在深邃的海洋里，我们经常可以看到一些是神秘的水下怪物出现，这些怪物又给本来深不可测的海洋平添了几分更加神秘的色彩，那么这些神秘的水下怪物又是从哪里来的呢？它们是不是来自外星球的外星人的一种，或者是外星人派来对地球进行监视的使者呢？……

关于水下怪物的消息早在二次大战末期，通讯社对其做过一些报道。出于对此消息的关注与兴趣，美国海军曾动用潜艇仔细搜寻，特别是对太平洋水域进行过地毯式的搜查。可是，各种搜寻都毫无结果。

对"怪影"潜艇的发现往往是杂乱无章和偶然的，但也是经常性的。20世纪40年代，多半在太平洋水域常发现这种"怪影"潜艇。1958年，在国际地球物理年时，洋考察船的研究人员通报了发现一些巨大不明潜水物的消息。据悉这些不明潜水物在大洋中横冲直撞，以令人难以置信的速度运动，并能在望尘莫及的深度上潜航。更有让人惊讶的是有些不明潜水物还在洋底留下类似军用坦克履带一样的痕迹。

20世纪60年代，在从澳大利亚到阿根廷的广阔水域里，海军艇员通过声呐和其他检测仪曾多次测定出并发现不明潜水物。它们有时只暴露出"指挥台"和"潜望镜"，有时是整体亮相。后来，在正值国际局势十分紧张之时，这些不明潜水物又开始在遥远的斯堪的纳维亚峡湾，也就是瑞典和挪威沿海一带出没。

1987 年 12 月，美国洛杉矶周刊《丛刊大观》发现了题为《阴险的"小东西"又回来了》的文章。文章讲的是关于苏联小型潜艇的事。苏联研究人员的手中掌握了来自南非、前联邦德国和美国的资料。他们仔细研究了全部资料后，倾向于西方研究人员关于"不明潜水物是苏联潜艇"的说法，因为当时的苏联潜艇是按照二次大战中海军的小型潜艇的样式制造的，而且苏联潜艇潜入过世界各国的港口。尽管有的消息报道过更早发生的这些事件，但是从 1964 年起，这些神秘潜艇就已侵入斯塔的纳维亚水域。

美国研究人员仲·基勒所掌握的资料否认了这一说法——斯堪的纳维亚的不速之客并不是这些苏联的小型潜艇。1985 年底，在巴西领海的海底又发现那种令人迷惑不解的"履带痕迹"，而且这些"履带痕迹"跟当时在美国旧金山附近海底发现的履带痕迹一模一样。两年后，苏联研究人员收集了关于苏联小型潜艇的资料，发现西方军界对苏联小型潜艇还知之甚少。当时的小型潜水器有 3 种：车式潜水器；有人驾驶式鱼雷形潜水器和小型独立式潜艇。据说，20 世纪 80 年代，这种潜艇上装有一种鼻首式开路装置，它能在海底做搜索式航行直至菲律宾。

苏联研究人员并非完全否认前一种说法，同时他也引证了美国研究特异现象严谨而精明强干的专家基勒的资料。

1972 年秋，在挪威境内的松恩峡湾水域也发生了一件关于水怪的事件。挪威海军确信：当时至少有一个或几个不明潜水物中了他们的埋伏。挪威海军在这里投下几颗深水炸弹，为的是将这些不明潜水物驱逐出水面。当时的所有欧洲人都从各大报纸上看到过有关的消息报道。海军连续忙乎了几天驱赶不明潜水物。就在这时，不知从何处又钻出一些神秘的不明飞行物，它们在挪威海军上空盘旋，突然，挪威军舰上的所有电子装置都同时发生故障。其实，在此时不明潜水物早已从峡湾中逃之夭夭。

　　瑞典和挪威政府确认，此次领海里胡作非为的事件的执行者正是苏联潜艇。可是，有些东西就连俄国人也丈二和尚摸不着头脑。然而，莫斯科对此却全盘否认。可是，每年发生的类似事件与日俱增，平均年发案次数为 12~20 起。一些不明飞行物还侵犯了斯堪的纳维亚的领空。当时，苏联和瑞典的关系极为紧张。1976 年，基勒亲眼目看见了这一场面：瑞典和挪威的歼击机在领海上空盘旋侦察，它们好不容易搜寻到几艘潜艇。斯堪的纳维亚海军在"怪影"潜艇经常出没的战略要地施放了水雷。可后来，令人惊奇的是发生了这些水雷却不翼而飞了……

　　此外，海军也曾向一些"怪影"潜艇发射了技术上无与伦比的最现代化的"杀手"鱼雷。但出乎意料的是，这些命中率极高的反潜鱼雷非但没爆炸，反而却消失得无影无踪。从那以后，一些委员会举行的国际性会议再也不把俄国人同这些事件牵连到一块了，而苏联也从来不承认这些是他们干的。莫斯科确认，这些事实是故意歪曲的，关于"苏联破坏和侵犯斯堪的纳维亚国家领海"的传闻更是蓄意捏造的。但是事实到底如何，或许只有他们自己才知道吧！

　　1981 年 10 月 27 日，一艘无识别标志的、苏联"乌伊斯基"潜艇在距离对瑞典海军毫无战略意义的两个军事基地约 26 公里处的找鲁姆斯卡尔搁浅。这一事件引起世界新闻界的注目。艇长发誓地申辩说："潜艇导航仪出了点怪毛病，从而命令我在计算上犯了个大错误，我本打算在丹麦附近海域停泊。"事实上，苏联船只的当场落网，不明潜水物之谜就算暂时被揭开了。可是，正当不明潜水物在斯堪的纳维亚水域复现时，莫斯科却又矢口否认，又发表声明：这些潜艇不是苏联的。

　　基勒曾宣布：1985 年，苏联政府曾公布一个案发目录表，上面列出了发生在苏联领海内的 90 多起不明潜水物事件的目击报告。1992 年"苏联"解体，强大威严的"苏联海军"也随之分化，军舰和潜艇被封存。这样，苏联海军就不能随便回到瑞典水域进行海上作业。

　　1992 年夏，不明潜水物的出现连连不断。一次，一艘"怪影"潜艇竟然在光天化日之下，在瑞典海军举行的一次军事演习上公开露面。在斯堪的纳维亚的领海和领空还经常有不明水怪出现。俄罗斯政府仔细审查了所有专案文件，没找到任何关于苏联潜艇进入斯堪的纳维亚水域的消息和报告。加之俄罗斯没有任何理由要把自己的船只渗透到那么远的峡湾。这一切又让很多人在寻找水怪秘密的道路上大失所望，一切又落了空。

那么，这些频频出现的神秘莫测的水怪到底是什么呢？它们真的就是外星人吗？在探索外星人以及外星文明的道路上，科学家们在不断地进行着深入的研究，力图在某一方面找到新的突破口，早日解开外星人之谜。

深邃的海洋

巴西热带丛林
发现"外星弃婴"

关于外星弃婴的事件我们听到的不止一例了，世界各地，俄罗斯、美国、土耳其都曾有发现外星婴儿的报道。对外星人持否定态度的人力图把他们解释成人类的畸形婴儿，但是这些婴儿身上所反映出的一些超人类的现象却又证明他们绝非地球人的后代。比如下例这起巴西热带丛林发现的"外星婴儿"，他不仅仅有人类的外貌特征，甚至还有特异功能。真的是外星来客吗？

不久前，由瑞士著名科学家巴·施皮雷尔博士率领的一支野生考察队，在巴西的阿诺尔市郊的热带丛林中考察作业时，偶然发现一名相貌古怪的婴儿，他约14～16个月。最初，考察队员以为这是哪家丧尽天良的狠心父母抛弃了一个丑八怪。可是，当考察队员把这个捡来的婴儿带回大本营，稍加喂养和诊治后才惊异地发现，原来，这根本不是我们地球上的生物。

考察队研究人员在对婴儿进行仔细观察和研究后发现，这个婴儿生来长就一副奇特的相貌，根本不是先天性畸形儿。他的生理器官虽具有人的特征，却还有某些非人化方面的特点：他长着一副形状不可思议的尖尖的大耳朵。一双平时像镜子一样亮晶晶的大眼睛，时而还闪烁出奇彩般的光泽，而眼白却是无色透明体。在脸的正中长着一个管状鼻子——这一系列怪异的生理特征足以说明，婴儿的父母绝非是我们地球人。

　　巴·施皮雷尔博士认为，尽管这个外星婴儿尚未表现出某些超自然本质，但在身体素质方面同地球婴儿相比却健壮得多。此外，这个外星婴儿还有另一个特点，能非常流利地说着一种外星语言，而且十分健谈，但令人遗憾的是，到目前为止，还无人能破译这个外星婴儿所操的其祖籍星球的语言，研究人员只好把他讲话的录音带回去研究。

巴西阿诺尔市郊一景

"外星人"在地球制造的 "劫持"事件

外星人给人类的印象大多是和善友好的，比如著名的电影《ET外星人》当中，外星人和人类成为好朋友。但是这也许只是人类美好的幻想，在很多对外星人的报告中，外星人也暴露出了攻击侵略人类的一面，很多人都有被外星人劫持的经历。而这些经历给他们的身心带来了很大的伤害。有些人甚至提出外星人本来就是残忍而霸道的，他们在地球出现的目的就是要控制和奴役地球人，让地球成为他们的附属物……这似乎有点像人类的特征，善恶兼具……可是真的发生过这些劫持事件吗？外星人来地球真正的目的是什么，我们就不得而知了。也许只能用时间和机遇去印证这一切。

外星人给部分人类"洗脑"之谜

据一些人的亲身经历证明，很多地球人被外星人劫持后，并不是立刻就能意识到这一事实，而是经过一段时间后，通过梦境或者是突然间的回忆才意识到这件事在他们身上发生过。有些人甚至一生都想不起来自己经历过什么，但是他们的亲人或周围的人都证明他们曾经消失过……

因此科学家认为，外星人不愿意留给人类任何关于人的相关线索，他们在劫持地球人进行研究之后，一般都会用特殊的手段让记忆从他们的头脑中消失掉，这被称之为"洗脑"，真的确有其事吗？

美国不明飞行物共同组织类人生命体研究组有一份报告记载着世界各地著名的劫持事件，共 166 起。

这些事件的 10％ 与不明飞行物直接有关。该研究组的一位负责人是戴维·韦布，他是位物理学家，他在谈到这类劫持事件的某些特点时说："不明飞行物乘员会在飞行物内对被劫持的人进行医学检查，他们往往使被检查的人身患健忘症，他们在劫持者与被劫持者之间进行着一种难以理解的联系，使被劫持者全身瘫痪。"从地理角度来看，拥有可靠证据的劫持事件的半数发生在美国，其次是巴西（20％）和阿根廷（6％）。在这些事件中，除了几起分别发生在 1915 年、1921 年和 1942 年外，其他的事件都发生于现代，即 1947 年之后。从 1965 年起，这类事件奇怪地增多了。美国不明飞行物共同组织收集到的案例，都发生在 1970 年至 1975 年。这五年当中共 80 多起，占总数的 53％。

但是，令人更加感到震惊的，是这类已知的事件仅仅是劫持事件中的一小部分，那么为什么许多劫持事件没有被披露出来呢？一个重要的原因是，大多数被劫持的人（人们通常称他们为"被接触者"）事后都回忆不起自己的那段不平常的遭遇了。当这些人能够神志清醒地回忆起自己曾经看到过一个不明飞行物时，他们头脑

外星劫持

中的"劫持情节"却奇怪地总是处于一种下意识的状态，即他们总是依稀觉得劫持的情节好像故意从他们头脑中消失掉似的。他们所能记起的和意识到的，只是无法解释的时间上的"漏洞"，即有几分钟或几天时间，他们也不知道自己待在了什么地方。

著名的特拉维斯·沃尔顿劫持案发生于 1975 年 11 月 5 日美国亚利桑那州的希伯，在这次事件中，被劫持者失踪了五天。随着时间的推移，一些"被接触者"往往在突然清醒或梦幻中想起了自己遭遇中的某些情节。当这些人意识到自己的确与非地球人"接触"过并因此在精神上受到创伤时，他们中的大多数人都会马上去找心理学家或不明飞行物学家。然而，也有不少人对自己奇怪的经历守口如瓶：他们或是由于害怕，或是由于无动于衷，即他们不想让别人仔细地分析一

下自己所经历的时间"漏洞"到底是怎么回事。

　　科学家们认为，这些人的健忘是由于某种形式的洗脑引起的。因此，人们可以采用医学催眠术来使这种人回忆起以前发生的事情，这种方法叫作"时间倒退法"。在大多数情况下，用这种方法都会获得令人满意的效果。目前，学者们在调查劫持事件时，一般都要对"被接触者"进行催眠术（除去卡斯蒂略和安东尼奥这仅有的少数例外），哈德博士经常使用这种方法，他是用催眠术来调查不明飞行劫持事件的前驱，也是有幸于 1968 年 7 月在美国科学与宇宙航行学委员会上阐述不明飞行物问题的六名科学家之一。

　　此外，美国怀俄明大学的心理学副教授利奥斯普林科尔博士也是位著名的使用催眠术来研究这类劫持事件的学者。这位学者曾调查过不明飞行物史上两起重大的劫持事件：一起是赫布·希尔默警官事件（1967 年 12 月 3 日发生在美国内布拉斯加的阿希兰），另一起是猎人卡尔·希格登事件（1974 年 10 月发生在美国怀俄明州的罗林斯）。斯普林科尔博士曾率领一支由私人与官方资助的调查组对以上两案进行了调查。从 1962 年起，这位博士成为康登委员会的空中现象研究会研究顾问。

　　可以说，除了个别的事件外，这些来自另一个星球的客人并不凶残粗暴或咄咄逼人。那么，这些类人生命体将地球人劫持到不明飞行物上后，为什么要对他们进行各种各样的医学检查呢？对这个问题，有些学者认为，不明飞行物乘员中这种可疑的"诊断"行为是极令人费解的。但他们认为，对这类事件进行研究是我们研究人类及其环境不可缺少的一

外星人

外星人未解之谜

部分。

　　类人生命体的这些怪异的行动，不禁使我们想到了我们地球人为监视正在消亡的生命体的运动和行为制定的"预防"计划。我们是否可以认为，不明飞行物把我们地球人看成了银河系中受到威胁的人类呢？

　　然而，这些类人生命体对被劫持者进行身体检查使之丧失记忆的事实（同样除去卡斯蒂略和安东尼奥），使另一些研究人员倾向于这种观点，即也许在劫持的后面，隐藏着更加险恶的阴谋吧。这些研究人员的论据是：（1）被劫持者被类人生命体抽了血（一般都是抽淋巴液和关节的血）；（2）一些奇怪的物质被注射进被劫持者的静脉之中。

　　持这种"险恶阴谋"理论最有名的学者，是约翰·A·基尔，他在自己的论述中写道：

　　"如果不明飞行物乘员对我们淋巴系统和人体的其他保护组织感兴趣的话，我们对出现在夜空中的奇异光芒感到忐忑不安是完全有理由的。"

　　基尔甚至认为，有些"被接触者"也许被类人生命体用外科手术改变了性格。他写道：

　　"我们知道，洗脑技术在同不明飞行物乘员接触的事件中是占有重要地位的。我们还知道，许多目击者能清楚地回忆起深深印刻在自己脑海中的伪造的情节，这显然是这些乘员想把事实真相掩盖起来，这的确是很可怕的。目前，世界各地的研究人员收集到的大量证据说明，许多目击者的性格突然发生了变化，他们的生活方式也发生了变化。这些行为上的骤变清楚地说明，被接触者的大脑被施以了某种形式的大手术。"

　　在这类问题上，人们不能排除这样一种可能性：这些行为变化属于正常的心理变化，而这些心理变化又是由对生活意义的新解释和领悟到地外生命的真实性引起的。

巴西有人被外星人善意袭击

在外星人制造的劫持事件中，也是形形色色各有不同，有些是非常残酷的，比如劫持地球人进行各种人体实验……但是有些也是很善意的，被劫持者毫发未伤，只是受了一场惊吓……当然，这类劫持事件一般会被人们认为是来自于酒醉后的幻想，或者是无聊的编造，其真实性很值得人们怀疑。但是这类事件在外星人的相关报告中占了很大比例，为什么这么多人都会去撒谎呢？这其中会不会有真实的事件呢？

1973年5月22日早上3点，四十一岁的巴比罗开着车子回家。他是巴西圣保罗州公众图书馆馆员，是两个女儿的爸爸。那天的天气很不好，下着雨。他以每小时九十公里的速度驾车行驶着。为了减少路上的寂寞，他打开了收音机。当汽车接近一个小山坡的时候，收音机突然没有声音了。他开开关关地调试着收音机，就在同时，车子引擎的响声慢了下来。巴比罗立即换成了二档，想增加马力。

就在这时，他突然看见车子里有一束明亮的圆形蓝光，直径大约有二十厘米。这个奇怪的"光"在慢慢地移动，掠过他的工具箱、座位、一个锁着的手提箱（里面有私人文件）、车顶和他的双腿。当这"光"掠过工具箱上面时，巴比罗居然可以透过蓝光看到驾驶室隔开的引擎。巴比罗十分疑惑："为什么月亮有这样奇怪的光学能力呢？"他想起来了，车外正下着雨，而且天空乌云密布，哪有月亮？

当他这样想的时候，突然发现有一道明亮的蓝光，从他正要上去的山岗照向他。光源看来迅速地接近他，越来越明亮。他以为是一辆货车正在迎面驶来，赶紧把车子开到路旁，开亮车灯，以免相撞。然而这辆"货车"却不顾一切地继续向他接近。为防止意外，他急忙摘下眼镜，俯身在车子里，双手抱住了头。

他这样在车子里待了一会儿，发觉这辆"货车"并没有经过，就爬了起来。就在这时，他突然看见在车外约十五米远的地方悬着一个离地面十米左右的物体。巴比罗认为，这一定是一架要降落的直升机。他开始感到闷热和窒息。他想透一下气，于是就开了车门走到车外，但外面还是同样的闷热，令人窒息。

他抬头往上看，听到一阵嗡嗡的声音。这个时候，巴比罗才恍然大悟，他看到的不是一架直升机，而是一个从来没有见过的奇怪物体。这个物体看起来像个两面隆起的盘子，大约有七米半厚，十一米宽，其表面呈黑灰色。巴比罗无法更详细地看清楚它，"盘子"的内部异常明亮，但却看不到光源。

巴比罗仍然感到闷热和窒息。他发现有一个"透明的布幕"慢慢地由右至左，把物体包围了起来，当完全包住后，闷热和缺乏空气的感觉消失。与此同时，他看见有一根"管子"从物体底部伸向地面。

巴比罗突然意识到自己可能有危险，就惊慌失措地跑向树林。他急急地奔跑着，足足跑了 30 米远。这时他觉得有东西在抓他的背，像有个"橡皮套索"围困着他。他奋力挥动着手臂，竭力想挣脱抓着他的东西。但背后并没有什么

外星人劫持汽车

东西。

　　巴比罗转过身来，看到背后的车子。那个奇怪的物体还在，有一道"蓝管子似的光柱"从物体底部的边缘放出来，直径大约有 20 厘米。当这道蓝光碰到他的车子时，怪事发生了，他能看到引擎、座椅和整个车子的内部。他绞尽脑汁也无法理解所看到的现象。由于心情的极度紧张，他昏倒了。

　　一小时后，有两个年轻人驾车从那里经过，发现巴比罗脸朝下趴在雨地里，他的车子开着前灯，右前门敞开着。想到可能是谋杀案，这两个年轻人赶到警察局，报告了他们的发现。

　　警察到达现场，发现巴比罗仍然无知觉地躺在雨里。他们发现一张巴西北部公路地图落在车前地上，在车内，巴比罗的手提箱被打开，里面的支票、相片、公文等散落在整个车内，巴比罗身上没有任何伤痕。他们把他翻过身来，巴比罗才逐渐苏醒。

　　当他镇静下来后，他将发生的事情告诉了警察，并确认地图、支票、公文和照片等本来是锁在手提箱里的，而钥匙一直在他的口袋里。没有任何东西被偷，他的车子也完好无损。

　　当天下午，巴比罗在医院时，感到后背及臀部轻微发痒。第二天，发痒的地方皮肤开始出现不规则、无痛楚的蓝紫色斑点，在臀部地方的斑点更大而且更明显。不久，这些斑点变成黄色，很像瘀伤。

　　医学博士在进行了认真的检查之后，肯定巴比罗的心理状态和环境适应力都很正常。经过一系列的化验和分析，在斑点上找不到任何异物，脑电图也很正常。后来，两个催眠师对巴比罗进行了催眠实验，让他在催眠状态下叙述发生的事情。实验的结果肯定了这个奇怪事件的真实性。

　　看来宇宙人对人类并没有什么恶意，而是像人类一样，具有探知一切的好奇心。他们掌握的一些手段，如透视的蓝光，是人类所没有掌握的。

北京某校长自述被外星人劫持

在很多自称被外星人劫持的报告中，都有一些非常离奇的情节，让人们误以为是科幻小说或者电影。如下面的"劫持"事件，就是比较有代表性的一例，被劫持者不仅看到了外星人的外貌，而且还亲眼见识了外星人的"穿墙术"，甚至于"腾云驾雾"，"空中飞行"……与以往类似的事件不同的是，该事件的亲历者是一位文化素质较高，具有一定社会地位的中学校长，这起离奇的事件是真的吗？

从世界著名的 UFO 事件"罗斯维尔事件"至今，地球上是否存在地外文明，一直是众多专家学者争论不休的话题。与"外星人"接触的事例在国外已是不胜枚举，而且对我们来说似乎遥不可及，但本文所要探讨的曹公事件则发生在我们的身边。

曹公（化名）现任北京郊区某民办学校校长，一贯热衷于公益事业。曹公说，他做梦也没有想到，在 1999 年 12 月 11 日那一天，自己被卷入一起 UFO 事件。

1999 年 12 月 11 日晚，曹公因第二天要参加市教委组织的民办学校校长培训班会议，晚上 10 点就上床入睡了。为了休息时不被打扰，他与妻子、儿子分开睡。

据曹公说，大概在深夜 12 点钟左右，突然听到紧挨着床北面的铝合金玻璃窗发出"咔嚓咔嚓"的声音。曹公被惊醒，从床上坐起来，却发现床边站着一男一女两个装扮怪异的人。

曹公的第一感觉是，家中出现了打劫者，于是心中不禁害怕起来。与此同时，他也做了较为仔细地观察。男的身高约170厘米，女的身高约160厘米，他们的眼睛呈圆形，嘴的部位是空的圆洞，头部较大，身体略瘦，脖子较细，面部白皙没有血色。两人均穿着像锡纸一样的银白色紧身衣服，并包裹着头部，看不清是否有头发和耳朵。

曹公正上下打量时，听到女的对同伴说："他还是个治病的，就带他去吧！"（曹公懂医术）说完，两人便从卧室北面的墙上向外穿去，此时曹公的身体发轻，像个皮球似的从卧室地上弹起，紧随那两人从墙壁上穿过。曹公后来说，当时穿墙的时候有一种挤过农村棉门帘似的感觉。

由于来不及穿衣服，一出卧室，曹公感觉很冷，就在心里念叨了一句："有点冷。"

结果，那个女的似乎能够感应他的心理，应了声："马上就不冷了。"那女的话音刚落，曹公就不感觉冷了，但头部仍有风吹的感觉。据曹公后来回忆，出了卧室他们便向东南方向飞去，他是被两人"吸着飞行"的。

飞过一些县城、城市时，曹公在头脑里听到那两个人告诉他下面具体是什么地方，根据那两人的提示，曹公知道自己首先从良乡镇向东南飞过了固安县，又飞过了霸州市，然后转变方向向东飞，飞过了天津市，又由天津市向东北方向飞，飞至那两人告诉他下面是秦皇岛市时，又向北飞去，飞行了约五六十里距离时，开始向下飘飞。

他们向下飘飞到一个荒无人烟的丘陵地带，着陆后曹公看到地面上停留着一个乒乓球拍状的巨大不明物体，"球拍把"的部分有一个篮球场地那么大；"球拍板"的部分有足球场地那么大。那两个外星人带曹公直接飞入了"球拍把"部分，此时和穿墙过壁的感觉一样。曹公与两个外星人落在一间实验室似的小屋子里，这小屋好像套在一个中等房间里，中等房间和大间之间有门。他们进入了小号房间，发现这间屋子没有座位，光线柔和。

这时，那男外星人冲曹公友好地点点头，并劝他不要紧张，声称邀请他来的目的只是想做一个利用宇宙能量给地球人治病的试验。

这时，那个女的让她的同伴与曹公在原地等候，她走向大房间，在她进入大房间门口的时候，曹公听见从大间里传来机械设备的响声，还传出猪、狗、牛、羊等多种动物的叫声，这些动物的叫声凄惨，好像是在做解剖或打预防针时的反应。

当那个女人回来时，身边多了一个十六七岁、看似重病缠身的中国女孩。她让女孩站在一个有标记的地板中间。随即，那个男的就在曹公后颈大椎穴部位用力一拍，顿时曹公觉得有股热流

被外星人劫持

在身体内涌动，非常舒服和提气，两条胳膊向手心和十指放射状地发麻，有放电般的感觉。随后男子示意曹公用他刚才用的方式给女孩治病。

此时，女外星人从房间地板上的箱子里拿出一个叫不上名字的仪器、五六个金属小瓶子和一个黑色手电筒似的东西，她把那仪器和金属小瓶子摆在那重病女孩脚前，并把黑色手电筒似的东西，放在那女孩头顶并往下一按，就见从里面出来一个非常密封的透明雨衣状的东西，它利索地把女孩连同金属小瓶子罩了起来，紧贴到地板上。

然后，那男的就示意开始试验，曹公用手用力拍击在那病弱女孩的大椎穴上，他感到有某种热流从他的手流向女孩的大椎穴部位。曹公想移动手臂时，一种巨大的吸附力使他不能移动。整个过程大约持续了五分钟。在这过程中，曹公手臂发麻，像有放电似的东西从他手掌、手指

流进那女孩的大椎穴，而女孩的身体则像皮袋似的，抖动扭曲。

令曹公吃惊的是，此时女孩外面套着的透明罩被污浊的气体充满，她看上去精神焕发，与刚才判若两人。

两外星人看到实验很成功，高兴地发出嘻嘻嘻的笑声。当两人邀请曹公参观他们的大房间试验室时，曹公心生恐惧，因为他一直都能听到不同动物发出的惨叫声。

两人似乎能够揣摩到他的感受，于是将其带出，接着整理了一下衣服，身体稍向前倾斜，此时曹公像是受到了吸引力似的跟着飞到空中。那两人在前边飞，并且带着曹公向北京方向飘飞。飞到曹公家南边窗户处，他们三人也没有停顿，窗子和墙就像变作了软门帘，一挤就进到屋内。曹公最初被那两个外星人带走时是从曹公卧室北边的墙壁穿过的，回来时进入的南边的屋子是曹公的妻子、九岁儿子、十一岁女儿的卧室。屋子里，曹公的妻子、儿女睡得很熟。这时，曹公的儿子曹兴翻了一下身。曹公对那两个人说："这是我儿子曹兴。"那个男的说："让他睡吧，别打扰他了。"这时，儿子忽然坐起来大嚷道："这几个人是怎么进来的，转了一圈又是怎么出去的？"曹公说这话的时候，那两人已带着曹公穿过两个卧室门进入曹公的卧室中。返回家中的曹公久久不能平静，他在思考着这一奇异的旅程，并在4点左右急迫地将自己的经历通报给飞碟学者马凌环女士。

北京UFO研究会的理事马凌环，在1998年国庆节期间曾经调查过著名的凤凰川事件中孟照国被外星人邀请的事，因而叮嘱曹公赶紧把凌晨发生的事记录下来，以免遗忘。于是曹公便在清晨就这件事仔细回忆作了笔记。在笔记中，曹做出以下四点结论：

①外星人有读知人思维传感的功能；

②外星人会飘行，能疾速运行；

③外星人说话地球人不懂，但地球人说话他们懂，他们也会说我们的语言；

④真实不虚。

英国女子自曝被外星人劫持

在被外星人劫持的事件报告中，女性占到了一定的比例，很多女性都在事后回忆，他们在被劫持事件中受到了身体上的侵犯。有些女性甚至于拿出了身体被侵害的相关证据……下面这例发生在英国的外星人劫持事件就比较有代表性，被劫持者在事情发生十多年后依然未能从事件的伤害中恢复……但是遗憾的是，没有人能证明她证词的真实性。很多人认为她是精神错乱或者是出现了幻觉。只有她的家人完全相信她。

有一期的英国《人物报》发表了一篇配有详细图文的独家新闻：一位名叫罗斯·雷诺丝·帕恩哈姆的英国女子，首次向报界详细透露了自己十三年前被外星人劫持并在太空船中遭到强暴的惨痛经历。此后，她又多次目睹过 UFO。此篇报道发表后，在英伦三岛引起了强烈反响。是真是假？有待读者分析。

罗斯的自述如下：1987 年 9 月一个温暖的夏夜，我和男朋友菲利浦驱车去拜访一位亲戚。当我们正驶在诺瑟兹郡考尔比的公路上有说有笑时，突然，我发现天空中出现几束马蹄形的灯光。汽车的引擎噼里啪啦响了一阵，然后就熄火了。灯光形成了一个巨大清晰的太空船模样。这个太空船静静地在空中盘旋着。菲利浦吓得浑身直哆嗦。我们两个人在车上为谁该下车去看看引擎争吵起来。我们两个人都怕下车，不知道会发生什么恐怖的事情。后来，还是菲利浦下了车。他小心地打开引擎上的车盖修车时，我抬头看着空中的光。四个小时以后，我们才精疲力竭地到了朋友的家。至于这几个小时中去了哪儿，当时我是一点儿都记不起来了。直到三个星期后的一个晚上，我做梦，开始梦见自己到了太空船的发动机舱里，看见了地图和外星人。这些东西都是我生平从来没有见到过的。我不知道这究竟是怎么一回事。后来，我的月经停了。在我的胸部和下腹部周围发现了两道两英寸长的伤疤，很明显。接着我开始经常无缘无故的头疼。

我曾经与当地的一个 UFO 研究小组进行联系。这个小组让我尽可能地去好好回忆一下我所经历的事。我答应了。接着，我去看了精神病学医生马克·雷诺兹—帕恩哈姆，他就是我现在的丈夫。马克给我施行催眠术时，我渐渐想起了我被外星人劫持并被强暴的经过。我记得我当时是被三个外星人强行带上了太空船。那三个外星人大约身高在 1 米至 1.2 米左右。他们长着深蓝色的头，没有头发，杏眼，嘴巴有裂缝；没有长眉毛。全是细高个儿。他们的手上全长着四个手指头，非常吓人。他们不说话，但与我可以用大脑交流。我被他们带进了一个房间里，里面有一股非常浓烈的臭鸡蛋味，空气质量相当不好，令人喘不过气，还想呕吐。我感到自己是瘫痪了。他们通过大脑对我说，他们就要濒临绝种了，必须要利用其他的生命来获得自己的生存。他们需要"汁液"。我不知道这是什么意思，是鲜血、眼泪还是什么其他的东西吗？可，我想错了。他们把我放在一张有机玻璃桌上，把我的四肢分开。我开始感到不对劲了。他们一个劲儿地说着："汁液！汁液！汁液！"边说着边用只有四个手指头的手戳我的下体。我冲他们不停地喊叫："放开我，放开我，你们想干什么，不要碰我！"他们根本不予理会。他们要的是我的身体！他们强奸了我，我还记得其中有一个外星人从我的身上采集了一些液体，并割走了一小块皮肤。

罗斯住在英国埃塞克郡克来克顿州。她对《人物报》的记者说，经过那次可怕的痛苦经历后，她又见过飞碟影像好几次："今年初的一天夜里，我被房顶上的奇怪颤抖声音惊醒，好像有一架直升机在盘旋着。一道刺眼的闪电射进了我的卧室，照在我丈夫马克的身上。我不顾一切地跳到窗户前，大声喊道："你们快滚，快滚！听见了吗？快滚！滚！"他们逐渐就消失了。"在我没有碰到他们之前，我也是一个很快乐的女子，长得也很迷人，有好多好朋友，经常参加社交活动。而现在，全完了。我现在要穿特大号的衣服，只有丈夫马克和我的母亲陪在我身边。我连孩子也不能生了。现在，不管我走到哪里，都会不自觉地抬头望望天空，因为我好害怕再碰到他们那群家伙。要知道，他们一定很容易就能找到我的。天知道他们还想从我这个可怜的女人身上再弄去什么？我觉得我的苦难还没有结束。不过，请你们相信我，我说的都是实话，真的。"

为了证实自己的话是真的，罗斯还特意画了一个外星人的头像图。至于罗斯讲的话到底可信度有多高？是真是假？好像谁也说不清楚。她在1999年就将自己的故事首次透露给了英国的《人物报》，但没有说得很详细。她去医院让别的医生看病时，也不敢把自己的经历说得太多。一位医生曾经对她说过，她停经是因为体内荷尔蒙分泌失调所致。那么，她的梦究竟是怎么一回事呢？是不是精神错乱产生的幻觉呢？而《人物报》为何没有找来她的前任男友菲利浦核实一下当时现场发生的情况呢？这些都给我们留下了困惑和疑问。可是，不管怎样，罗斯的丈夫、现年四十岁的马克医生似乎非常相信妻子的话。他说："有人曾经对罗斯的话公开提出过疑问，我知道。不过，我的确是看见了她身上有伤疤。而我们在家其乐融融的时候，当电视荧屏或杂志上出现外星人的报道时，她总是会害怕得浑身不住地颤抖，只有我，只有我才能让她平复下来。"

"外星人"劫持地球人

对于众多的外星人劫持事件报告，一位科学家指出，这类事件不是人们在撒谎，但也不能确定是真实的发生过，而是因为某种对大脑的刺激使人们误把自己的幻想当成了真实的事情。这其实是一种病症，一般比较容易受暗示或者想象力比较丰富的人容易发生这种现象。那么如此看来，众多关于外星人的报告有可能都是不真实的。可是这也只是科学家们的推断而已，还没有拿出确凿的相关证据去证明。

美国不明飞行物研究中心（CUFOS）日前公布了一份材料，说近十年来有两千多人地球人声称自己曾被外星人劫持。这到底是怎么回事？是大家的神经都出了毛病，还是确有其事？科学家们似乎从中悟出了点东西。

美国医学博士约翰·迈克说，他四十多年来一直在搜集有关地球人被外星人劫持的证据，但并没发现这些被劫持人有任何心理失常情况，因此他本人并不认为有关同古怪生物遭遇的传闻是一种骗局，更不是什么梦幻和想入非非的结果。

博士的"病人"从两岁到六十岁的都有。他们在神志完全清楚或被催眠的状态下叙述自己如何让外星人劫持，并被送到他们从未见识过的飞船上的经过。他们认为有时头脑变得模糊完全是外星人捣的鬼，这些外星人似乎会从外面断开地球人的意识。可他们还清楚记得好像在空中翱翔来着，飞着穿透墙壁，最后来到一个所在，在里面有人给他们动外科手术。他们到死也还记得当时耳朵里面在嗡嗡响，全身都在颤抖，身子麻木而不能动弹，还伴随着一种莫名的恐惧。到过"飞船"的人身上还会出现斑疹、擦伤、莫名其妙出现的伤口以及鼻子和肛门出血的痕迹。

美国康涅狄格大学心理学教授肯涅特·林格对此有他自己的看法。他说："早就知道地球内部和大气层的自然过程常产生非同寻常的辉光，至少是球状闪电。"辉光有时出现在海面上，也出现在火山喷发的时候。而当发生地震时，震前、震后和正在震动过程中都会出现"火光"。这些"火光"还会出现在高压输电线、无线电天线杆附近以及单独的楼房、公路和铁路一旁。北极光则喜欢光顾采石场、山峦、矿山和洞穴。它们的能源来自大地构造张力。人们经常把这些不知来自何处的火光当成了不明飞行物。统计表明，有些地区的地震显然同有人看到的"外星飞船"有一定的联系。加拿大心理学教授迈克尔·佩森

杰尔则认为，自然地质过程所产生的"地火"本来就是一种与地壳力学变形有联系的能的变换形式，除了光以外，它还具备电、磁、声音和化学性能。

林格还说，大多数不明飞行物现象都能产生将全部光谱和色谱囊括在其中的相当大的电磁场，也能产生对生物极其危险的电离辐射，甚至还能产生能对照明系统和点火系统施加影响的磁场成分。所以有很多人都说，他们只要看到不明飞行物，

被外星人劫持

汽车就再也开不动。

当人们看见这些不寻常的光时，到底是怎么回事呢？如果人距离有辉光出现的磁场相当远，他就看不见这种胡乱移动、乍看根本无法解释的异光。如果人能再走近一些，或光本身向人靠拢，那人便进入

外星人飞碟

磁场范围，并受其影响。一开始是皮肤有刺痛感，起鸡皮疙瘩，头发颤动，和出现一些神经紧张的症状。如果在磁场里待的时间更长一些，便可能出现肉体和精神上的更强烈反应，因为大脑近距离内受到了磁场的作用。正如林格指出的，特别是大脑的颞叶对类似的作用尤为敏感，极易唤起奇奇怪怪的幻想。神经心理学家早就知道，对颞叶的刺激，尤其是对脑边缘系统两个构造——河马和扁桃体的刺激能产生强烈的幻觉，使人觉得跟真的一样，总觉得有什么东西在跟前的感觉，像是在翱翔或转圈，看到的是幻影，感觉到的是记忆缺失和时间中断。伴随有奇异辉光的磁场对人作用的结果就会产生这种刺激，于是人在这种情况下倾向于相信有不明飞行物存在。再说，"被劫持者"和大多数正常人的思维还不一样，他们的颞叶都特兴奋，结果他们特别容易接受暗示，并具有丰富的想象力。

波黑男子自称成了外星人的"活靶子"

在被外星人劫持或袭击的事件中，很多是悲剧故事，当然也有喜剧，比如下例袭击事件可能就是比较有趣的一例，一个波黑男子五次被突然坠落的陨石击中，他认为这是外星人在拿他"开涮"。

坠落在地球上的陨石一般都很稀有，不过对于波黑的一名男子来说，可能这辈子他再也不想见到陨石了，因为他的房子竟连续五次被坠落的陨石击中，以至于他开始怀疑自己被外星人当成了"活靶子"。

拉迪沃杰·拉吉克（音译 Radivoje Lajic）回忆说，陨石第一次砸中他的屋子是在 2007 年 11 月，之后又连续发生了四次，每一次"中标"总是在阴云密布的雨天。贝尔格莱德大学的专家们对坠落的石块进行了鉴定，确认了这些看起来奇形怪状的石块确实是"天外来客"，专家们已开始着手调查当地的磁场状况，以便进一步确定为什么陨石对这栋房子如此"着迷"。

拉迪沃杰·拉吉克本人有自己的看法："毫无疑问我被外星人盯上了，这是唯一合理的解释，否则怎么会连续五次被陨石击中？这绝对是有预谋的。"现在每逢阴雨天，拉迪沃杰·拉吉克就无法安然入睡，"因为我总担心下一场袭击的到来。"

巴西一家三口遭外星人劫持

巴西是外星人袭击事件出现比较多的国家。很多世界知名的外星人事件就是在这个国家发生的，下面这例故事就发生在巴西。据亲历者描述，他们连人带车一同被飞碟强烈的火焰"吸起"，之后又将他们放下来。在这一过程中他们的身体都受到了伤害，事后他们发生了胃痉挛、呕吐、脱发、白内障等等的症状，并且被送到医院就诊。这起事件给这个家庭造成了阴影，也让人们见识了外星人的"厉害"。

19 74年11月20日晚上，巴西圣保罗郊外就曾发生一件非常可怕的事件，一家三口当着警官面被UFO"吸走"。

当晚11时，一辆载着三名警官的圣保罗警署巡逻车接获"有一部轿车在公路上燃烧"的通知。警官赶抵现场，走下巡逻车，附近的草丛有一对夫妇带着一名男孩出现，向他们求救。就在这个时候，有个直径大约10米的碟形黑色物体突然出现在他们的头顶上。三名警官吓得愣在原地，飞碟底部放出一道苍白的光筒，笼罩着那对夫妇和孩子。三个人的身体便顺着光筒被吸向飞碟后飞走了。

经过事后的调查，被飞碟即UFO劫走的被害人是在圣保罗经营餐厅的达贝拉先生及其家人，当晚他们开车到亲戚家玩，在回家途中被飞碟劫走。

一天傍晚，住在德州休斯敦郊外的贝蒂与比琪开车载着比琪的孙儿柯比到附近新盖尼镇玩。到了镇上才知道由于圣诞假期的关系，他们想玩的宾果游戏玩不成了。三个人只好到新盖尼镇的汽车餐馆吃晚餐，然后回家。

晚上 8 时 30 分左右，三个人离开汽车餐馆。一直下着的毛毛雨停了，雨过云散，冬天的上空有星星在闪烁。

"好冷！"贝蒂坐在驾驶座说道。

柯比坐在贝蒂旁边，比琪钻进车内，用力关上车门，说："开暖气，贝蒂，别让柯比着凉。"

贝蒂开着车，朝狄顿的方向行驶。一路上几乎没有遇到其他车子。

车子在松林间的道路上行驶一会儿，前方森林的上空出现一大片光芒，明亮异常，他们以为是开往休斯敦机场的飞机，也就未放在心上，他们的车子仍旧朝着狄顿的方向行驶。

但转过弯道驶进平直的国道时，前方突然大为明亮，光源便是刚才松林上方那种异样的亮光，现在就浮在数百米前方的国道上空。

"看来蛮恐怖的，快停车。"比琪声音颤抖着说。但贝蒂不想在悄无人迹而又是夜晚的国道停车，只是略微降低车速。随着越来越接近，逐渐看得出那是一个发光的巨大物体。当车子来到物体前 40～50 米处，物体下部还喷出熊熊的火焰。

贝蒂握着方向盘，吓得直发抖。但比琪经过短暂的恐惧之后，竟涌起一股强烈的感动。笃信宗教的她，认为她亲眼看见了世界末日与基督出现。她搂着孙儿柯比，说：

"乖宝贝，别害怕，耶稣基督从天而降，他不会伤害我们。"

面对这样的景象，贝蒂的安慰似嫌牵强，柯比用畏惧的眼光望着那个依然在喷火的物体。

飞碟所发出的亮光把附近照得一片通明。贝蒂打开车门，随即有一股热风吹进车内。贝蒂走到外面，绕到车前，面对飞碟，比琪也跟到外面，但柯比哭起来，比琪连忙回到车内。飞碟大小如同狄顿市的给水塔，颜色属于没有光泽的银色。飞碟的形状恰如去掉上下两端的菱形，中心有若干蓝光环绕。从菱形的下部喷出的火焰像太空的喷射火焰那么激烈，形成倒圆锥形。

随同火焰一起散发的热气，使得附近的温度急剧升高。贝蒂所站的地面热得像火在烤，贝蒂及车内的比琪和柯比的脸、手都因高温而产生灼热感。

到了这个时候，比琪也发觉眼前的物体跟宗教体验无关，她为了从前窗玻璃看外面的情景而把身子伏低，双手则按在仪表板上面，霎时感觉双手像被烧到一般，还有金属被高温烧得软绵绵的感觉，她叫了一声，把手移开。仪表板上面清清楚楚地烙印着她的手掌印。车体的金属部分已经热得碰不得了。贝蒂想返回车内，用身上所穿的皮衣抓着门把，好不容易才把车门打开。

飞碟下部的火焰时喷时停，喷出火焰便上升数米，不喷却又下降。

大约贝蒂停车的十分钟后，飞碟最后一次喷出火焰，而且升高一大截，火焰消失之后，飞碟继续缓缓上升，越过松树林的林梢。就在这个时候，随着一阵霹雷叭喇的声音，四面八方都有直升机飞来，就像大规模的军事演习一般包围了飞碟。

飞碟与直升机消失在松林对面，附近又恢复一片漆黑。贝蒂立刻开动车子，大约行驶五分钟到达一处十字路口，贝蒂转弯，看到有二十三架飞机都围着飞碟在飞行。飞碟发光的光线把每架直升机都照得清清楚楚。

直升机大多属于前后有螺旋桨的"双旋转翼型"。

贝蒂再度开动车子，紧跟在这一群不可思议的飞行物体后面，一直跟踪到车子抵达通往狄顿的道路。接着，车子背向着飞碟，但仍可从后窗看见飞碟达五六分钟之久。

从发现国道上空的飞碟到飞碟从他们的视野消失，处在紧张与恐惧中的这三个人，感觉时间过得相当长，实际上大约只有二十分钟而已。

午后9时50分，贝蒂在比琪家前面让他们下车，然后开车回家，她的朋友维尔玛就在她家等她。但在开车途中，她感觉深度的疲劳与不快。

她好不容易回到家，对着出来接她的维尔玛说"看见一个飞碟，觉得很不舒服"，然后就倒在寝室的床上。

贝蒂表示头痛欲裂，而且想呕吐，不久她的脖子开始长出若干不小的疮，头、脸等处的皮肤红肿起来，随着时间的流逝，她的双眼也红肿到无法张开，脖子的疮则恶化成烫伤，然后就是上吐下泻。

同时，比琪与柯比也发生胃痉挛、呕吐、下泄等症状。也许她们待在车内的时间较长，所以症状较轻。

贝蒂的情况则持续恶化，连意识也不清，无论食物或饮料，一入口即呕吐，她一天比一天衰弱。

1981年1月3日，贝蒂到巴克维医院入院治疗。她有多处皮肤红肿、脱落，头发则一撮一撮地脱落，身体衰弱到无法步行的地步。以后一度出院，但后来又恶化，再度住院又出院。

比琪与柯比经过两三周后，胃痉挛与下泄的症状便好转，但比琪也掉了许多头发，双眼均患严重的白内障，视力大减。在与飞碟的遭遇中一直留在车内的柯比，症状最轻，但因精神上遭受极度的震撼，夜夜做噩梦。

他们的病因是什么呢？MUFON的辐射线学顾问仔细检查过这三个人的状态，做出以下的结论：

"这些症状可能是电离放射线所引的副次障碍，除此之外，可能受到红外线、紫外线的伤害。"

出现在贝蒂、比琪、柯比眼前的菱形飞碟，除了发光、喷出火焰之外，也发出对人体有害的电离辐射线、过量的红外线和紫外线。

外星人植入人体的是什么?

　　一提到外星人，我们就会感到外星文明的强大冲击力一定远远超过了我们地球上人类所拥有的，他们所使用的一切物品的功能也一定是地球人所无法比拟的，下面的一则声称事件则使你更加对外星文明感到无比好奇。

1995 年 8 月 19 日，一则震撼人心的消息传了出来，据说在美国加利福尼亚的卡玛星罗医院医生们首次实施了对据说是外星人植入人体内的物体的切除手术，这次的外科手术是史无前例的一次手术。

　　要求接受这次手术的有两个病人，一男一女，他们声称有被外星人劫持的经历。X 光检查发现，他们的身体内多了一些物体，手术后一共从他们体内取出三件，男性的手上取出一件，女性的脚趾中取出两件。这三件物体呈 T 形状，用金属材料制成，被一层黑灰色的光亮薄膜包裹着，但虽然看上去是薄膜却无论如何都切不开。而且这些物体一旦被触摸，病人就会有强烈的反应，尤其是在局部麻醉后，病人的反应更为激烈。但是，令人更加不解的是手术后一个星期，病人的痛苦却比以前更加难以忍受。

　　在 1996 年 5 月 18 日，外科医生又对两位女病人和一位男病人进行了同样的手术，X 光观察到而两位女病人的腿部都有一个小的不透明的放射性物体，男病人的左下颌有一个金属体。手术中医生取出了两个灰白色小球以及一个由一层暗灰色的薄膜包裹着的很小的三角形金属物体。分析表明，灰白色小球含有多种复合元素，而人体的皮肤并不含有这些元素。

到目前为止，这样的手术已经进行了七例。前三例取出的 T 型物体，水平部分的一端有一个像钓鱼钩的倒钩，另一端是圆的，中间呈锯齿状使垂直部分完全嵌入。上述六例的切除物有一个共同点，在紫外线下会发出荧光。最有趣的是垂直部分被一些晶体缠绕着。后三例发现病人患部的皮肤曾完全暴露在紫外线的照射下导致皮肤受损，但没有一个病人承认曾受到过大量阳光照射，而且如果做过日光浴，为什么只有四到五平方厘米大的皮肤受损呢？这些受损皮肤的形状与以前在被外星人劫持者身上发现的铲形标记十分相似。这是否真是外星人植入人体内的物体呢？

对于这些不明物件的频频出现，许多科研爱好者对此进行了大量细致的研究。洛斯·亚拉莫斯国家实验室和新墨西哥工学院先后对这些切除物进行了分析测试，1996 年 9 月，国家科学发现研究所公布了测试结果，发现 T 型切除物含有铁芯，并含有十一种不同的元素；测试认为切除物和陨石很相像，它们的镍铁比率很相近（大多数陨石都含有 6%到 10%的镍）。

目前，已经有许多人对研究或猜测这些切除物的作用表示了极大的兴趣。有些人认为，这些物体可能是外星人安装在人体内的行为控制装置，外星人利用它们对人类的行为进行控制和支配，这似乎可以解释被外星人劫持者为什么会有某些冲动行为。

另一些人认为，它们是一种追踪装置或者是异频雷达收发器，外星人把它们植入地球人的身体内，可以在地球的任何角落立即找到他们的"臣民"。

此外，还有一些科学家更是大胆地设想：这些物体可能是一种监视地球污染程度活着人体内遗传变化的装置，这与我们监视太空宇航员的方法很相似，也许外星人对我们人类的遗传基因研究后，再实施改造计划或下一步行动？

　　科学家们提出来的一些观点与不尽相同，也都属于猜测而已。至于上述医学手术是否也具有真实性我们也不得而知，均属传言。但尽管如此，我们对研究外星人存在的真实性一直都没有停止过，相信我们在探究外星人的路途上必将取得很大的成就。

加利福尼亚一景

"泰坦尼克"沉船
是外星人所为吗?

泰坦尼克号沉海堪称是世界上最大的沉船事件,其沉海的真正原因也是一个令人费解的世纪之谜,那么泰坦尼克号真的是与冰山相撞沉入大海的吗?它的沉没与外星人有什么关系吗?

1985 年,在大西洋沉睡 73 年的"泰坦尼克"号终于在海洋勘察人员的搜寻下得以重见天日。海洋勘查人员在对"泰坦尼克"号残骸进行勘察时,在其右舷的前下部发现一个直径恰好是 90 厘米的大圆洞,叫人百思不得其解的是,这个大圆洞好像是被一种圆规状切割工具加工后形成的似的,其边缘十分圆滑规整。美国皇家海军舰艇专家雷蒙托,塞兹涅尔会同国际专家组对"泰坦尼克"号船体右舷前下方的神秘圆洞进行水下拍照和测量等综合研究后确认,"泰坦尼克"号是被一种功率强大的激光束击穿后,底舱进水而翻沉的。专家们的理由和依据是,假设"泰坦尼克"号是因撞上冰山而遇难,在船体的球鼻首处或其周围部位留下的应该是不规则形洞痕,或船体钢板出现不规则的开裂现象,而其边缘圆滑规整的情况是绝不可能出现的。

一份由美国《旧金山纪实报》记者提供的绝密档案给我们研究"泰坦尼克"号的沉船事件提供了相关的证据:"据幸存的'泰坦尼克'号船员证实,海难发生时,他们站在'泰坦尼克'号的甲板上观察,发现大海中有一些奇怪的'鬼火'神出鬼没地运动着，这些扑朔迷离的'鬼火'像是从一艘来历不明的'幽灵船'上跑出来的。"

然而，历史学家们最终指责美国人的"加利福尼亚者"号船长斯金尔·洛尔德，就在发生海难的那天夜里，他的船就处在附近海域，面对"泰坦尼克"号见死不救。就在洛尔德船长临终前，他还一直坚持地认为，当时从"泰坦尼克"号上能清楚地看到另一艘来历不明船只的"鬼火"。这一神秘的幽灵船当时正处在"泰坦尼克"号与"加利福尼亚者"号之间的水域。"加利福尼亚者"号的其他船员还证实说："我们亲眼看见了这艘行踪诡秘的幽灵船，它出现不久便瞬间消失在大洋深处。"

相关研究人员对泰坦尼克号的沉船事件进行了细致的研究，他们利用超自然现象对沉没的"泰坦尼克"号水下残骸的录像资料和照片进行详尽研究后得出一个令人震惊的结论："泰坦尼克"号是意外遭到不明潜水飞行物射出的激光束的攻击而进水翻沉的，然后它潜入水中，不久又浮上水面观察"泰坦尼克"号翻沉的惨景。当"泰坦尼克"号沉没后，这艘幽灵船一也便在大海里消失得无影无踪了。

随着对"泰坦尼克"号的不断研究，研究人员的研究结果在解开沉船事件之谜方面有了新的突破：按照"泰坦尼克"号残骸考察计划，在对船体依次拍摄的一系列水下照片中，发现一些来历不明的神奇发光体。在6幅水下照片中发现8个这种神秘的潜水发光体。最初，研究人员认为，这可能是某种深水鱼群，不过，当研究人员借助电脑再次对这些水下照片进行更详细分析后发现，确实有一些来历不明的人造发光体围绕着"泰坦尼克"号游弋。乘深潜器亲临海底考察的海洋学家确认，海洋中再也找不到跟这些神奇发光体类似的东西了，它们很像在空中飞行的那些UFO，但又有别于它们，不是那种典型的飞碟，而是类似世界各地的许多目击者见过的那种能量凝聚体。研究人员就上述海洋怪异现象向有关国家的海洋部门进行咨询，却毫无结果。无论海军司令部，还是"和平号"潜艇，对这些会游弋的 UFO 都未能做出任何解释。美国政府也曾派出一个专门小组就类似海洋怪异现象进行军事调查，但都最终没有找到任何可以说明事实真相的证据。

美国著名飞碟专家伊莱·克罗温博士认为，这些海中不明潜水飞行物似乎来自地外，我们地球上从未有过这类怪物。然而，这种神秘发光体的构造及制造技术对科学家们来说迄今仍是个谜，甚至到下世

泰坦尼克号

纪，此谜也未必能够破解。有关这些神秘的发光潜水物之用途至今仍不清楚。或许有人决定帮助我们，或许有人前来骚扰我们，还可能他们在面对面地监视着我们。有的科学家推断，他们是否是宇宙人，或许来自我们迄今未知的水下文明，还可能是来自另一个"平行世界"的神秘政客，抑或在大西洲覆灭的自然悲剧中幸存下来的子孙后代——这一切是当今文明人类根本无法确知和破解的超自然现象。

面对这些神秘的发光体以及我们目前获得的仅有的一些信息，科学家们也陷入了僵局，或许这些发光体正是外星人发出来的，亦或许那些发光体仅仅是大自然搞的鬼，仅仅是一些持续时间很短的奇特自然现象而已呢？

火星上真的有生命存在吗

　　火星是距离太阳第四，在太阳系八大行星中位列第七的行星。火星是太阳系当中和地球最为相似的星体：首先，火星表面有大气圈环绕，虽然这层大气圈非常稀薄，但是已证明了其中有二氧化碳和氮气；其次，火星有生成水的条件，它的空气中完全有水蒸气形成和存在的条件，不过，现在还非常少，但是科学家们已经在火星表面找到了有洪水冲刷过的痕迹，证明它曾有过水；第三，火星的自转周期和地球非常接近，自转同期是 24.62 小时，公转同期是 6.87 天。由以上三点，科学家们首次推论出，火星上是太阳系之内除地球外最可能产生生命的星体。但是，火星比地球小，而且昼夜温差非常大，在 100℃左右，白天温度 20℃，夜间会达到－80℃，两极更冷，达到－139℃，这是不利于生命存在的条件。迄今为止，火星上还没有发现生命的迹象，但是众多的小说和影视作品中已经将它作为描述的热点，并且对它进行了大胆的想象。火星上是否有生命存在，现在仍然是一个谜。

"火星上有生命"是20世纪最伟大的发现还是骗局？

> 到目前为止，人类已经做了十三项对火星的探索，其中有知名的1989年苏联福波斯1号、2号和1999年的美国"探路者"号，人们对于火星已经掌握了相当多的资料，对于火星上是否有生命一直进行论证和探索。这里就是科学家们关于近年来通过对火星探测资料分析而推出的关于"火星是否有生命"新的证据。虽然这些证据还不足以说明火星上的确有生命，但是它们无疑又将对"火星生命"命题的研究向前推进了一步。

火星地面上的小河道，十分清楚地证明了这里曾经有过洪水，而生命总是孕育在水中。所以，火星上是否存在生命，成为20世纪最大的争论。

1996年8月7日，在美国宇航局总部（NASA）举行的一次新闻发布会上，以微生物化学家大卫·麦肯为首的一个科研小组，向人们展示了一块重约两公斤、编号为ALH84001的火星陨石，并且宣布：研究发现，该陨石中隐藏着类似蚕蛹状的细小生物，极有可能是来自火星的生物化石。这一说法立刻轰动了世界，因为这是人类第一次发现外星生物，同时也表明几十亿年前的火星很可能相当温暖潮湿，适合生命的存在与维持。

这一刻被认为是继阿波罗登月成功后，最令美国人感到激动的时刻。美国宇航局官员表示："这可能是20世纪最伟大的科学发现。如果结果得到验证，那将成为人类历史的转折点。"然而，十年后，这一结果非但未被验证，还受到很多科学家的质疑：这颗陨石会不会在到达地球的太空之旅中已受到了污染？这些看似细菌的化石，会不会只是地球上的普通生物？甚至连美国宇航局也不得不表示，这颗"垒球"形状的陨石，无法证明火星生命的存在。大卫本人也承认："到目前为止，我们还不能完全肯定那上面到底是不是有火星生命，这的确令人有些失望。"

ALH84001的火星陨石身份直到1994年才被正式承认，是已知的十二块火星陨石中年代最久远者。科学家认为，那时候火星上可能存在液态水，因此有生命存在。对此，大卫等人提供了四点理由：

首先，化学分析显示，这块陨石中含有多种多环芳烃有机分子，它们常被称作"有机化合物"，被看成是生命的组成单位。但是科学家们也在普通小行星、彗星以及陨石中发现了这种生命分子。

第二，大卫等人通过电子显微镜发现了水滴状古代火星细菌化石，

外星人未解之谜

寻找火星生命

问题是，这些化石的体积是地球上细菌的 $1/1000 \sim 1/100$。对此，很多科学家认为，这么小的细菌连最简单的新陈代谢过程都不可能完成，它体内没有足够的蛋白质、DNA以及其他分子。但大卫认为，这可能是因为火星生命的进化比地球生命更简单；或是这些细菌变成化石后体积缩小了；它们也可能是某些稍大的微生物碎片。

第三，大卫等人在陨石隙缝中发现了碳酸盐球。碳酸盐是遇水结晶的一种无机物，大卫由此得出结论说：火星水肯定从这些缝隙中渗透过，而有液态水的地方就可能存在生命。

第四，在仔细观察碳酸盐球时，大卫等人还看到了与地球上某些细菌所产生的无机物十分相近的泪珠状细小晶体——磁铁矿。

"火星生命说"的赞成者认为，泪珠状磁铁矿的发现给大卫等人的说法增加了科学依据。地球上很多古老的细菌才能产生磁铁矿，也许古代火星微生物也能产生磁铁矿。大卫说："这种磁铁矿的形状与众不同。如果地球上也有发现，它就是火星存在生命最确凿的生物学证据。"

近年来，大卫与其反对者一直就ALH84001中的磁铁矿进行辩论：是否通过非生物学过程也能产生这种物质？同为美国宇航局科学家的哥哥戈登，与他持截然相反的观点。2001年，由戈登·麦肯及其顾问戈尔登领导的另一个科研小组，成功制造出一批与ALH84001中所含磁铁矿类似的物质。他们还将这些"磁铁矿"合并成碳酸盐球，就像大卫在ALH84001缝隙中发现的碳酸盐球那样。他们在实验中还模拟了ALH84001在火星上经历过的各种环境。尽管大卫认为哥哥没能精确描述出ALH84001中磁铁矿的形状和质地，但他承认：这只是个时间问题，人类有可能通过非生物过程制造出磁铁矿。

早在1961年，在一块坠落在法国的火星陨石中，科学家也发现了与ALH84001类似的现象。但后来经重新检测，证实那些"化石"是由于现代植物孢子污染而造成的假象。1999年在美国《自然》杂志上刊登的一篇论文称，所谓的火星生命化石，实际上是由于高温导致矿物晶体畸变，而在电子显微镜下造成的错觉。

与此同时，美国俄勒冈州立大学海洋与环境科学学院海洋生物学教授马丁·菲斯克，对1911年坠落在埃及纳胡拉（音译）镇附近的一块火星陨石进行研究，发现它里面也有着一系列极其微小的管状痕迹，从其尺寸、形状和分布来看，极似地球岩石里大量滋生的细菌留下的

美国火星探测器拍摄的火星表面照片

痕迹。可是，在陨石当中并未发现DNA分子，因此不能确信其就是生物留下的痕迹。

科学家测定这块陨石的年龄大约是十三亿年。根据从发现的泥土判断，相信这块岩石在六亿年前露出水面。

菲斯克称，可能有两个原因导致这种情况：一是可能存在无生命的方式，形成地球岩石中的管状痕迹，只是还没有被发现；二是火星陨石中的管状痕迹的确由自然生物所致，但其DNA已被破坏。

菲斯克说："水是生命存在的必要因素。因此，假如细菌存在于潮湿的岩石管道里，它们可能在六亿年前就死了。这就能帮助我们解释为什么找不到DNA，它们是可被破坏的有机物。"

火星和地球环境很类似

　　火星和地球环境很相似，这是人们在经历过多项对火星的探索后日益被印证的。火星的地表温度和地球相似，火星的地理状况和地球相似，甚至于火星也有大气圈……这种种的相似都让人们猜测，火星上应该有生命存在。虽然这种猜想还没有被证实，但是很多科学家对它坚信不疑。

最新的一份科学研究报告显示，美国科学家认为火星很有可能曾经存在生命，原因是火星上密密麻麻分布的谷网，这揭示该星球极有可能在过去长时期内被定期出现的洪水所侵蚀，而这样的气候条件与状况与当前的地球环境十分相似。据介绍，此前有研究认为，这些密集的谷网是由于短时期的外行星冲击所致，然而根据这份最新的研究报告，外行星冲击的理论很有可能站不住脚。

　　据此前的研究分析认为，火星的自然环境曾经十分温和，此外火星表面也有水流不断冲刷的痕迹，而目前该理论的出现，也极大地支持了此前的论证观点。

　　美国加利福尼亚大学地球与行星科学研究学院的研究人员查尔斯·伯纳特是该项目的主要负责人。他认为，"火星表面的这些谷网地形与其他大部分的火星表面地形格格不入，我们的研究目的在于论证在火星表面是否曾经有稳定周期性出现的水资源流过，而目前所得到

火星和地球很相似

的结果正在逐渐印证我们的判断。"

据介绍，查尔斯·伯纳特目前正在积极与美国宇航局埃姆斯研究中心合作，一同致力于研究各大行星表面的自然景观，以及揭示出其中潜在的历史线索，而当前的火星表面谷网研究工作也已经成为伯纳特主要的攻克方向，他希望以自己的努力以及洞察力找到火星生命曾经存在的直接证据。伯纳特的合作伙伴弗吉尼亚州立大学教授杰弗里·摩尔，同时也是美国宇航局行星科学研究高级研究员，他表示，"要知道，几十年以来，无数的科学家在致力于探索出火星上是否曾经存在生命，而直到十年前，曾经简陋而没有针对性的研究方式才结束，美国宇航局投入了高分辨率的摄像仪器，以及其他世界上最为先进的探测设备，来从这些已经被长时间腐蚀而且无法认清全貌的遗址上找出蛛丝马迹，证明地球人并不孤独，火星上也曾存在生命。"

目前科学家们的普遍一致观点是火星上的这些密集网谷出现时间是在三十五亿年前；此外有的科学家认为，外行星撞击等自然灾害所带来的冲击力将可以在火星表面产生热量以及潮湿环境，而这也就为洪水泛滥现象的出现提供了可能。而这样的洪水泛滥很有可能一直延续数千年。但是根据最新的研究结果，事实或许不像想象的这样简单，由于外行星撞击所带来的潮湿闷热环境以及洪水泛滥根本不会产生如今这样的火星外观面貌。伯纳特解释道，"这是由于洪水会仅仅聚集在火山口周围，而当其泛滥溢出时则会出现冲破火山口外壁的不规则现象，我们此前也一直在致力于观察火星表面是否有这些痕迹，但是最终我们也没有发现这些痕迹与现象。据我们的观测以及分析认为，洪水应该是定期出现，它们或许是季节性出现的，而这就将显示出它们应该在火星表面是蒸发以及渗透的，而这就很合理地符合我们所观察到的火星表面现象。"

据介绍，科学家们在对火星表面的研究分析过程中，借助的是地形表面进化模型来深入考察火星表体以及火星当地所处的气候状况之间的联系。此外，他们还制作出不同自然气候条件下所出现的不同活性地形模型，并且分析研究各种不同相关数据，并且反复将这些模型数据与科学家们实际所观测到的火星表体数据相比较，最后提取出最为温和的火星表面自然状况的模型。而这也就为该项目研究结果的最终问世打下了坚实的基础。科学家们表示，火星表面这些网谷的形成经历了成千上万年的干旱以后才最终得以形成的，而季节性的洪水暴发则是在长时间的干旱之后，才由水滴慢慢汇集、蒸发以及渗透后逐渐形成的。此外，降水现象也极有可能是季节性发生的，潮湿与其他的自然气候也经历了长短不同的周期循环后才得以产生。同时伯纳特教授认为，火星表面的地表水现象曾经持续了很长时间，而确切时间则至少为上万年。

人类火星探索史

在所有太阳系的行星中，火星是受人类关注最多的，这似乎印证了它的名字"火"。迄今为止，人类已经对火星进行了大大小小十三次的探索，发射过十多个监测器。而随着"世界空间战"的逐步升温，火星被人类关注的程度将越来越高。

火星是太阳系八大行星之一。除金星以外，火星离地球最近。火星在许多方面与地球较为相像。

火星是唯一能用望远镜看得很清楚的类地行星。通过望远镜，火星看起来像个橙色的球，随着季节变化，南北两极会出现白色极冠，在火星表面上能看到一些明暗交替、时而改变形状的区域。空间探测显示，火星上至今仍保留着大洪水冲刷的痕迹。科学家推测，火星曾比现在更温暖潮湿，可能出现过生命。

火星是距地球第二近的行星，这个红色星球曾让人类产生过无数幻想，移民火星的希望之火也从来没有熄灭。1962 年 11 月，苏联发射的"火星 1 号"探测器在飞离地球一亿公里时与地面失去联系，从此下落不明。但"火星 1 号"标志着人类火星之旅终于起步。

1976 年 7 月和 8 月，美国"海盗 1 号"、"海盗 2 号"飞船的着陆器分别在火星成功着陆。这两个着陆器携带了许多精密仪器，分析了火星的土壤，测量了风速、气压和温度，并确定了火星的大气成分。

把火星探测活动推进了一步。在此后几年中，两艘飞船几乎拍摄了火星的整个表面，并向地球发回了异常清晰的火星照片 51539 张以及大量的探测数据。1978 年 7 月，"海盗 2 号"停止工作。1980 年 8 月，"海盗 1 号"也结束了它四年的观测使命。

四十多年来，苏联、美国、日本和欧洲共计划了三十多次火星探测，其中三分之二以失败告终，但研究一直没有排除火星上有生命存在的可能性。在美国航空航天局以往的火星探测任务中，"找水"一直是一条中心战略，因为液态水的存在是火星曾经存在生命或适宜生命存在的基本要素之一。

2006 年 12 月 6 日，美国航空航天局宣布，科学家已经找到火星上存在液态水的最有力证据，而且就出现在最近七年内。

2004 年 6 月，美国航空航天局宣布，"勇气"号在火星"古谢夫环形山"区域新挖出了一条沟，并通过对沟中土壤进行分析，发现了浓缩盐，这种盐可能是水在土壤中蒸发后的沉淀物。

2004 年 3 月 23 日，美国航空航天局科学家根据"机遇"号传回的

1999 年美国发射的"探路者"号火星探测器

火星探测器

探测结果判断，火星"梅里迪亚尼平原"的岩石部分表面可能曾被咸海所覆盖。

2002年3月，美国航空航天局喷气推进实验室宣布，"火星奥德赛"号飞船发现，火星表面附近有巨大的冰层，含有尘埃、泥土和碎石，覆盖火星表面约90厘米之厚。尽管这些冰层只覆盖了很少的火星表面，范围却从冰冷的火星南极绵延至南半球纬度60度处。这是人类第一次在火星表面发现基本的化学元素存在，并为火星上曾有生命存在的说法提供了有力的证据支持。

地球上的火星村落之谜

　　"火星上曾经有类似于地球文明的出现，有人存在，不过后来因为宇宙运动和环境的变化适应生存的条件不在了，所以这些人乘着飞航来到了地球，并且在地球形成了村落"，这是许多科学家或者天文爱好者力图证明的论点，并且他们提供了相关的证据，真认为有"火星人村落"存在，而且就在外星人出没最为频繁的巴西。这是真是假呢？人们仍在继续求证。

在广袤的地球大地上，本身已经存在着许多难以释疑的谜团亟亟待解，然而有人声称地球上见过"火星村落"，这些让人听了足以惊奇万分。

　　1987年4月，瑞典科学家希菜．温斯罗夫等人声称在扎伊尔东部的原始森林里进行考察时，意外发现了一个火星人居住的村落。开始，村里人并不理睬他们，经再三接触，火星人才接待了他们，并领他们参观了当年来地球时乘坐的飞船残骸，这是一个银色的半圆形飞船，现在已经锈迹斑斑了。

　　温斯罗夫介绍说，这些人的皮肤是黑色的，白色的眼睛里没有瞳孔。他们相互间说的是非洲土语，可当跟科学家交谈时，却用地道的瑞典语和英语。因此，温斯罗夫在同他们的交谈中了解到，他们是为了躲避火星上流行的瘟疫，于一百七十六年前，也就是1812年，乘飞船来地球避难的。当年来地球的共有二十五人，有二十二人已经先后死去了，

有的人至今还活着，经过繁衍，他们的后代已经有五十多人了。

科学家们发现，这些火星人特别喜欢圆形图案，他们的房屋、室内的陈设以及使用的工具及佩戴的饰品等大都是圆形的。直到现在，他们还把太阳系和火星的详细地图珍藏着。据科学家们说，他们对宇航知识还很娴熟地掌握着，不过他们已经没有办法再回火星了。

这些人非常不希望别人打搅他们。科学家们离开这个村落之前，火星人对他们说，希望地球上的人不要干扰他们的生活，他们喜欢过平平静静的生活。

无独有偶，在巴西境内亚马孙河流域的原始森林里也发现了这样一个火星人部落。1988年9月，德国人类学家威廉·谢尔盖曾对这一神秘村落进行了访问和考察。当他走到部落的祭坛前时，被这个部落崇拜、祭祀的"天空之神"的形象惊呆了，雕刻的"天空之神"的面具竟跟火星上的人面石一模一样。谢尔盖对"天空之神"产生了浓厚的兴趣，详细询问了他们所崇拜的神的由来。部落长老没做详细解释，

火星村落

184

只是不断地说"红色行星","红色行星"谢尔盖听明白他指的是火星，愈发兴奋地追问起来。这时，围上来的村民们插话说："那'天空之神'是天外使者带来的。"

对原始森林里的神秘部落，巴西政府一直保持沉默。但是，巴西政府的一位高级官员以私人的身份说，亚马孙河流域确实存在着与不明飞行物接触过的神秘部落。地球之大，或许还有许多没有被人类所涉足的地方，或许在那些地方还隐藏着更多我们人类所不得而知的秘密。那么，以上科学家们所提供的已考察的神秘部落，真的是来自火星吗？他们是怎样和为什么到地球上来的？经科学考察，就目前来看火星上是没有生命的。看来，这些还都是难以解开的谜。

巴西原始森林

火星上发现盐

> 盐对于人体的重要性不言而喻，它是动物和人血液、汗液的重要组成部分，对于维持人体细胞活动和电解质平衡有重要意义。火星上面有水，是很多人都知道的事实了。而近期科学家们又为火星存在生命的条件提出了一个新的例证：火星上有盐。如果有盐的话，那么便满足了生命体维持电解质平衡的条件，为火星上可能存在生命又提供了一个新的证据。

据最近相关报道，科学家们通过分析美国航天局奥德赛火星探测器上的热量辐射成像系统发现，火星上许多地区有盐的存在，表明这些地区曾经存在丰富的水资源，这也为火星上可能存在生命提供了证据。

186

　　该研究项目是由美国夏威夷大学米奇·奥斯德罗教授负责的，成员还包括来自亚利桑那州立大学、纽约州立石溪大学以及亚利桑那大学的其他几位研究人员。据米奇·奥斯德罗教授介绍说，他们是通过美国航天局奥德赛火星探测器上的热量辐射成像系统对火星表面岩石成分进行测定时发现的。热辐射成像系统包括两个相互独立的多光谱成像子系统：10 波段热红外成像子系统（IR），和 5 波段可视成像子系统（VIS），其中最小的热红外成像子系统（IR）的分辨率能达到100 米/像素。通过分析这种高分辨率相机拍摄下的光谱成像，他们惊讶地发现火星表面一些地区竟然存在大量的氯化物——盐。

　　研究人员在火星南半球的一些地区发现二百多个盐田。这些盐田大多位于一些地势比较低的低洼处，旁边有很多沟渠通向这些盐田。该研究项目小组的一位研究人员、来自于亚利桑那州立大学的菲利普·克里斯腾森教授说，"这些盐田面积从 1 平方米到 25 平方米不等，彼此都没有连在一起。我们认为它们是大片大片的水由地下渗透到地表的，然后流向一些低洼处。经过漫长时间的蒸发后，这些低洼处最后只剩下了这些矿物质，也就是我们今天所看到的盐田。"据研究人员估计，这些盐田可能形成于中晚期诺亚时代，距今大约有 39 亿到 35 亿年。

　　研究人员认为，这些盐田的存在说明在火星历史早期阶段，火星上的水资源是很丰富的。而水的流动可以带来很多有机物，包括生命在内。因为有水的地方一定是火星生命最好的栖息地。而且，盐对于保存有机物质是非常有效的。科学家们曾经做过实验，成功地让一些在盐分中保存了几百万年的细菌重新复活了。不过，菲利普·克里斯

火 星

腾森教授对于火星上是否存在生命还是比较谨慎的。他认为这一疑问也许要等到美国宇航局将于2009年秋天发射的火星科学实验室给出答案了。

在硕大无比的宇宙中，地球上的我们是否形单影只？"地外生命"到底是否存在？为回答这些问题，人类的科学家们从未停止过探索的脚步。曾有美国宇航局的两名科学家向美国太空官员透露，他们找到证据证明今天的火星上可能仍然存在生命；美国《太空》杂志报道科学家发现火星在几十亿年以前，曾经水域遍布，这为火星存在生命提出了更为有力的佐证。不管这些发现是否成真实，它们都是人类探索未知世界的巨大进步，唯有通过这一个个进步，我们才能最终解开宇宙之谜，找到人类的友好邻居。

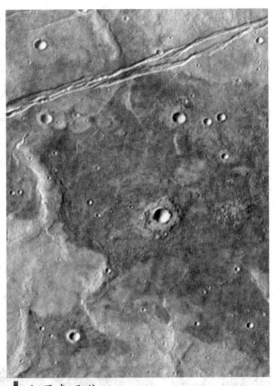

火星表面盐田

火星上曾经水域遍布，生命存在于地下？

　　但凡有水的地方，就可能孕育出生命，火星上曾经的水域遍布让科学家相信，火星如今依然存在"地外生命"。2003 年 2 月 17 日，美国国家航空航天局两位科学家卡罗尔·斯托克尔和拉里·莱姆基向美国太空官员透露，他们已经掌握了强有力的证据证明火星上有生命存在，而且这些生命体很可能都躲藏在火星地表以下的山洞当中，靠着火星地表下的水源生存。

美国国家航空航天局两位科学家卡罗尔·斯托克尔和拉里·莱姆基在向外界透露这一发现之前，早就提出过自己的理论，即火星的地下可能隐藏着生物有机体，它们通过不断的进化已经可以在极端环境下生存。为了验证这一理论的合理性，斯托克尔和美国、西班牙一个研究小组于 2003 年在西班牙南部里约丁托河附近寻找地下生命，因为该地区的地表富含铁，而铁又被高浓度的酸水分解，使得地表变红，与火星表面类似。

　　斯托克尔在一个聚会上表示，通过将里约丁托地区的发现与地面天文望远镜、包括欧洲宇航局的"火星快车"等火星轨道航天器收集的数据进行比较，这两位科学家发现，火星的甲烷标志不断变化，这可能是地下生物圈活动的结果。另外，这些标志的附近地表有大量的硫酸盐黄钾铁矾存在，而这种矿盐在地球温泉里同样可以发现，尽管像温泉这样的环境不适合生命存在，但科学家已经在这样的环境里发现了生命体。因此，她和莱姆克得出结论：火星的地表下面存在生命。

地球曾经水域漫布的结论更是为这一发现提供了有力的佐证。关于火星上是否存在过生命之源——水，人类进行过无休止的争论。随着美国航空航天局火星探测器"机遇"号飞落火星，人们知道了在火星的梅迪亚尼平原上存在黄钾铁矾和其他矿盐，火星上曾经有水也随之定论。但那次发现只回答了"是"与"否"的问题。

而这次发现则进一步回答了火星上到底有多少水，存在状况如何，以及是否达到了足以孕育生命的程度。据华盛顿大学地球与行星科学专家雷·阿维德松介绍，科学家通过对欧洲宇航局的火星轨道飞行器送回来的数据研究分析，结果发现梅迪亚尼平原上厚达300米的岩石是在水中形成的。研究还发现，该平原表面曾经有很长一段时间里河流遍布，万里之内皆为平湖或浅滩。而这种情形与我们的家园——地球十分相似，这里孕育生命不足为奇。或许有人对火星上曾经水域遍布的说法嗤之以鼻，认为这不过是科学家的夸夸其谈，但实际并非如此。科学家从三个方面证实火星水域遍布的结论并非是无稽之谈。

火星表面

水域遍布第一证据：峡谷

说到火星上的峡谷，我们不妨先来想象一下地球上的峡谷是什么样子吧！山泉叮咚，树木茂密，花鸟繁盛，一派生机勃勃。科学家在火星上相似矿物集中的地方也发现了一个峡谷，像一条长长的"疤痕"，名为马力内尼斯峡谷。这个峡谷比美国大峡谷还要大。令人兴奋的是，图像显示它是被流水冲出来的。试想一下，冲出这么大的峡谷，需要多大的水量，又需要多长的时间？所以，科学家认为火星上曾经水资源丰富，而且持续时间还比较长！

水域遍布第二证据：风化地形

科学家在认真校准了飞行器发回的信息后，发现火星表面上遍布"风化地形"。尽管探测器只能对其中很小一部分进行检测，而且通常只是地表以下几英寸或几英尺的岩石，但根据检测结果证实，这些地形上曾覆盖着浅湖，或者地下曾有过蓄水层。科学家猜测，三十亿年前，风化作用加剧，地表水分全部流失，火星才会变成今天这个"干巴巴"的样子。但科学家相信火星地表之下一定潜藏着暗流。

水域遍布第三证据：矿藏

火星上富含各种各样的矿藏，它们是历史最忠实准确的记录者，因为它们的成分上亿年都不会发生什么变动。所以科学家把目光瞄向了这些矿藏。他们在"机遇"号撞击的弹坑中和其他矿藏中发现了黄钾铁矾。这是一种只有在有水的情况下才能形成的物质。

科学家对此进行了这样一番解释：几十亿年前，矿石在一片水世界中慢慢生成。后来水不断蒸发，千沟万壑逐渐干涸，这些矿藏就暴露在了地表上。专家告诉《太空》杂志，与"风化地形"曾经蓄积的水酸性很强比较，这里泥土矿藏的形成是在更加中性的水中的，这说明当时已经具备了产生生命的条件，至少从水环境来说是这样。

火星上发现深洞，疑为地下洞穴入口

> "火星生命可能存在于地下，依靠地下水来维持生命。"这一理论的提出让人们将对火星探索的目标由表面向内部推进，很快，科学家们就找到了令他们振奋的答案，一个新的结果发现，火星上发现了深洞，这可能是地下生命的入口。当然，至于黑洞当中有什么，人们还不得而知，但这为人类探索火星生命的研究又推进了一步。

据外国媒体报道，科学家最近在对美国宇航局的火星轨道探测飞行器拍摄的一张图片分析时，在火星表面发现了一个深洞，里面非常黑，它有可能是通向火星地下洞穴的入口，也有可能里面存在着生命。

这个奇特的黑洞有一百米宽，位于火星东北部的 Arsia Mons 火山斜坡上，Arsia Mons 火山是这颗红色星球的四大火山之一。

科学家认为，如果那里存在生命的话，这个不同寻常的洞穴能给火星生命提供

火星表面

保护。

另外，美国宇航局的"奥德赛"探测器和热辐射成像系统在火星上还发现了七个奇特的洞，科学家认为它们可能也是通往地下的入口。

Mc Ewen 告诉记者说："我们特别想看到从西面的倾斜图像，想看看它被照亮的洞穴墙壁，它很可能是一个很深的垂直的洞穴，但或许不是很长。"

"火星洞的发现重新唤起人们对于火星生命的联想"，负责"菲尼克斯"号火星探测任务的首席调查员 Peter Smith 说，"越向火星内部深入，温度也将越来越高，直到在某一点，温度恰好合适，那里将存在液态水和生命。"此外，Smith 推测，火星洞也有可能截留了一部分之前流过火星表面的液态水，那样，生命存在的可能性将增大。

Smith 说，"我们不能肯定地说洞里面有什么，但火星洞确实存在，不久后的菲尼克斯号探测器将为我们揭开谜底。"

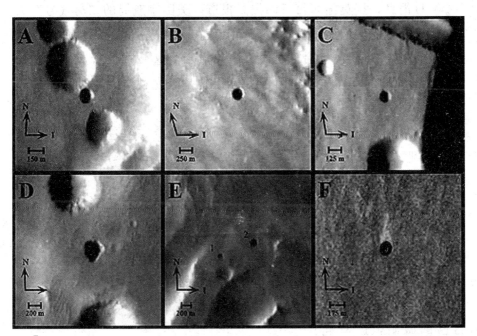

火星表面发现的洞穴

火星上存在神秘人型雕像？

火星上具备存在生命的条件论证逐步深入的同时，又传来了火星存在过文明的证据，一个美国火星探测器发回的照片显示，火星上发现了一尊神秘的人形雕像……这些证据的一个个提出，似乎正在逐步揭开火星存在生命的神秘的面纱。

近日消息，据英国《每日邮报》报道，美国宇航局的"勇气号"火星车日前传回照片显示，火星上存在一个神秘的人形雕像，这或许是火星上曾经存在生命的证据。照片显示，这一雕像看起来像是一名手臂向前伸的女性，不过目前并不清楚是否是视觉因素造成了这一"奇观"。

照片上的雕像是由一些业余天文学家发现的，对照片的初步检查表明没有发现这一异常情况。一名天文爱好者在网上表示："这些照片十分有趣，我几乎不能相信自己的眼睛，这看起

火星雕像

外星人未解之谜

194

火 星

来就像是一名外星人在'裸奔'。"

　　不过，另一些人对照片上的景象表示怀疑，并认为除非另一些照片上也出现类似雕像，否则并不能证实雕像是真实存在的。大多数人则认为，这一景象不过是人眼错觉造成的。

火星上真的有生命存在吗

火星上的微生物可能是
地球人的"致命的杀手"

> 无论在电影还是小说中，火星都被看作是地球以外唯一适应人类生活的星球，许多科学家都希望从火星上寻找到生命的遗迹，以证明火星上是有生命存在的，但是我们似乎不该忽略这样一种假想：假如火星上真的存在生物，它对地球来说未必有益，它们有可能是地球的杀手。

据英国《太阳报》报道，美国"火星环球勘测者"飞船发回的一些照片显示，火星表面最近几年中曾有活水流过的痕迹。英国行星专家约翰·穆雷相信，火星表面下一定沉睡着一些处于"假死"状态的火星微生物，而他希望能向火星表面冰湖中发射一枚火箭，融化火星寒冰，从而唤醒那些沉睡的"火星生命"。

据报道，美国宇航局上周宣布，他们从"火星环球勘测者"飞船发回的一些照片上发现有力证据，证明火星表面最近七年中曾有液态水流过的痕迹。

宇航局科学家相信，火星液态水是从地下喷射出来的，就像间歇泉一样，然而由于火星表面温度极低，液态水流出时就迅速结冰，很难长期存在。英国高级行星科学家约翰·穆雷相信，火星上一定存在过某种形式的杀手微生物，然而由于目前火星表面干旱寒冷的环境不再适合它们生存，所以这些火星生物都转入了一种"假死"的睡眠状态中，但它们并未死亡。一旦火星环境变暖或寒冰融化，它们就会重

外星人未解之谜

196

新"复活"。

穆雷是欧洲航天局"火星快车"任务的主要科学家。穆雷称，火星赤道附近的冰冻地带可能存在着大量沉睡的火星微生物，该地区被称为"极乐世界"，穆雷希望能向该地区发射一枚火箭，在冰中炸出一个巨坑，从而可以寻获到那些藏在底下的微生物。穆雷希望接着能派一个机器人登陆该地区，将被炸出来的冰屑和泥土放到显微镜下面，然后加水进行观察，看里面是否有"复活"过来的微生物存在。据悉，美国宇航局和欧洲航天局都计划在未来十年中，将火星泥土样本带回4800万英里远的地球，放到实验室中进行研究。

然而穆雷警告称，火星上的微生物可能是"致命的杀手"，一旦被带回地球并且"逃脱"，很可能会造成整个人类灭绝。

穆雷说："它应该是非常原始的生命，我们谈论的是细菌。但唯一的危险是，如果我们将它带回地球，而它又逃脱了我们的控制，那么地球将会陷入好莱坞科幻电影

火星表面

《世界大战》所描述的灾难场景。在科幻电影中，地球上的细菌杀死了入侵的火星生物，但在真实生活中，我们带回的火星生物可能会消灭整个人类。我们在将火星微生物带回地球之前，最好先好好研究一下它们。"

火星上的"人面石"

火星上不仅仅存在雕塑，还出现过一个类似于人面形的石块，俗称"人面石"。这块石头是自然形成，还是火星文明传达的一种信息，或者是火星文明曾经存在过的证据？"人面石"引起了美、俄等科技大国的高度重视，多年来一直在对它进行研究，力图破解其中的秘密。

1976年7月31日，"海盗1号"拍下了著名的火星表面照片。这就是火星"人面石"照片。从照片上看，一处巨大的建筑物——五官俱全的人脸仰视着天空。该照片受到了美国宇航局的重视，还成立了由三名技术人员组成的专门研究小组，来分析这令人莫名其妙的画面，以鉴别是否属于自然侵蚀或自然光影所致。

专门研究小组成员采用计算机最新的处理技术，对火星"人面石"照片进行分析。他们认定："人面石"是修建在一个极大的长方形台座上，刻有轮廓分明的鼻子以及左右对称的眼睛，还有略张开的嘴巴。"人面石"全长（从头顶至下巴）为2.6公里，宽度为2.3公里。

美国宇航局共存有六张火星"人面石"照片，这是当初"海盗1号"在不同的时间、从不同的角度拍摄的同一物体。此外，从这些照片上，还发现有类似金字塔的火星古建筑，它们地处"人面石"

西南约 16 公里处，其边长是埃及金字塔的十倍，体积超过其一千倍。它们对称排列在"人面石"的对面。除了塔形建筑，还有其他形状的一些建筑。

门森德·伊比特罗是美国宇航局电子工程技师，他是专门研究小组的成员之一。他在介绍对火星"人面石"的检测情形时说："眼睛里面有眼球，也就是有瞳孔。眼睛部分经用计算机进行处理分析，看出内部面积很大。越往外越狭小，明显地能看出刻有半球似的眼珠。"

更有趣的是，仔细一看，眼睛下方还刻有像眼泪似的东西。这意味着什么就弄不明白了……专门研究小组对于"人面石"照片上出现的塔形物体和排列在其附近的人工建筑物，也进行了放大处理和仔细分析。分析结果表明，火星上的金字塔和埃及金字塔相同，都是面向正北方修建的。而且火星上还有人工建筑的墙。其墙壁的一面长达 2 公里，呈 V 字形耸立。从形式上看，像地球上的古城堡似的，不知用途何在。

美国加利福尼亚州和马萨诸塞州的一些火星研究专家，曾将他们从旧资料堆中偶然发现的一组有趣的火星照片公布在报纸上。这些照片都是 1976 年由"海盗 1 号"、"海盗 2 号"探测器在飞临火星上空时成功地摄取下来的，只是因为当时照片太多而被积压下来。在这些拍摄于二十多年前的火星照片上人们可以看到一尊尊石头人像（眼、鼻、口，甚至头发都清楚可辨），一座座高耸的金字塔，一片片类似城

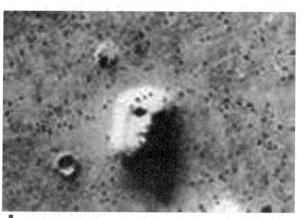

火星人面石

市废墟的遗迹。

美国宇航局也宣布说，在处理和分析火星照片时，发现有的照片上出现了三角形的"怪物"形象，火星上的这些"怪物"显然是会移动的。

不过，无论怎样说，如今火星上的智能生物或者说火星人早已是不存在的了。那么，这些在火星上留下了众多的石头建筑杰作的智能生物到底哪里去了呢？难道火星"人面石"的眼泪是在注明火星主人的命运悲剧么？

1989年，瑞士天文学家帕沙向报界披露了有关火星"人面石"的新的内幕消息：火星上的巨型人面建筑是报警的象征，它的内部装有一部电视发射机，其最低限度在五十万年前已向地球不断地发出一项不祥的警告。据说，该电波显示了数以十万计的人死在街头的惨景，似乎表明火星蒙受了一场灭顶之灾，使得火星人个个皮黄肌瘦并死于饥饿和干渴。

帕沙提到，来自世界各地的五十位科学家已看过这段触目惊心的电视片，而苏联和美国的科学家看到该片已逾两年，其中不足90秒的部分清晰而没有受到干扰。

显然，在久远的火星历史上，曾有过智能生物的大规模文明活动。那么，这些智能生物究竟源于火星本土，还是来自于火星之外的世界呢？对此，没有任何可供研究与探索的凭据。

不过，应该肯定的一点是：火星的自然环境已发生过不可逆转的悲剧性演变。

据美国宇航局的科学家们的调查分析，在距今五亿年前，火星上不仅有辽阔的海洋和大陆，而且空气同地球上一样湿润，空气成分也几乎相同，因此很可能存在与人相似的生物。在一次记者招待会上，美国宇航局艾姆斯研究中心的火星问题专家说："火星上的水，比一般人一度所认为的要多得多，而且火星上也有季节变化。火星的水，足够填满一个10～100米深的海洋。"

尽管对有关火星残存生态环境的情报，美国与苏联都采取了秘而不宣的态度，但既然美国科学家已说明火星上发现了大量水的存在，那么显而易见，河流海洋以及其间鱼类等生物的存在，也就不是不可能的了。

有足够的水存在，自然也就极可能存在生物。对此，瑞士物

火星金字塔

理学家马素·比索夫博士曾经说过，早在1976年美国"海盗一号"在火星降落时，就发现上面有人工水道和海洋生物，水里生活着百种鱼类。苏联方面对此也知情。他们之所以秘而不宣，是因为美、苏"担心引起世界的恐惧，所以便协议不将它公开出来"。对此，美、苏当局都不置可否。

火星上存在生命、以前还存在过高度的文明，这应是无须争议的事实。现在，火星表面没有生命迹象，但在地表以下是否还住有外星人呢？既然他们有着高度发达的文明，他们完全可能在密闭的地下人造环境中继续生存。

外星人遗留的物体和信息

　　迄今为止，人类发现过许多奇怪神秘的物体，这些物体用人类所掌握的知识和科技手段不能够完全解释，因此很多专家把它们归结于地外文明的产物，认为它们是外星人无意间遗落在地球上或者有意留给地球的信号。这些物体包括知名的"玛雅水晶头骨"、"史前金属球"和一些难以理解的奇怪符号……这些真的都是外星人所为吗？他们在向人类传达什么信息呢？

玛雅人水晶头骨

　　20世纪初，在玛雅文明的遗址内发现了一个神秘的水晶头骨，自此，水晶头骨的故事就开始传遍世界：据说这样的水晶头骨一共有13个，如果将它们放在一起，就能获知关于人类未来命运的秘密……很多人无法解释它的奥秘，认为它是外星文明的产物，更有人说，这是外星人制造人类之初所使用的头骨模型……这一切猜测都让玛雅水晶头骨披上了愈加神秘的色彩。要解开这个谜题，预计还要经历漫长的时间。

1927年，英国探险家弗雷德里克·A·米切尔·黑吉斯在现今洪都拉斯首都伯利兹城一处玛雅遗迹发现一个水晶头骨，并将其称之为"厄运头骨"。数十年过去了，科学家们至今仍未揭开水晶头骨之谜。

　　这个头颅用水晶雕成，高12.7厘米，重5.2公斤，大小如同真人头，是依照一个女人的头颅雕成的。水晶下颌是一个关节部分，与其他头骨组件分离开来，可以上下活动。据玛雅古代传说，这个水晶头颅具有神奇的力量，全世界有13个这样的水晶头骨，如果把它们聚集在一起，就能知道人类生死的秘密。但是，迄今为止，全世界只发现八枚水晶头骨，其中三枚存放在博物馆，其余全部为个人收藏。

　　米切尔·黑吉斯所发现的水晶头骨是所有现已发现的水晶头骨中纯度最高、雕刻最精致的，因而它的发现引起了世界性的轰动。

　　自从水晶头骨被发现之后，数十年来全球不同领域都密切关注着它。数位资深专家认为水晶头骨拥有着超自然能力，比如：心灵遥感、散发一种奇特的气味、能改变水晶颜色等。但迄今为止专家们仍未证实这些超自然能力是否真实存在。

但令研究者们困惑的却是：这颗水晶人头雕刻得非常逼真。不仅外观，而且内部结构都与人的颅骨骨骼构造完全相符。而且工艺水平极高，隐藏在基底的棱镜和眼窝里用手工琢磨的透镜片组合在一起，发出炫目的亮光。我们知道，近代光学产生于 17 世纪，而人类准确

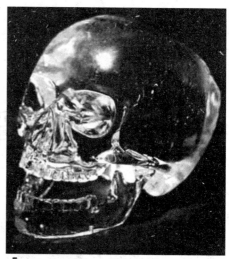

神秘的水晶头骨

地认识自己的骨骼结构更是 18 世纪解剖学兴起以后的事。这个水晶头颅却是在非常了解人体骨骼构造和光学原理的基础上雕刻成的，一千多年前的玛雅人是怎样掌握这些高深的解剖学和光学知识的呢？还有，水晶即石英晶体，它的硬度非常高，仅次于钻石（即金刚石）和刚玉，用铜、铁或石制工具，都无法加工它。即使是现代人，要雕琢这样的水晶制品，也只能使用金刚石等现代工具。而一千多年前的玛雅人还不懂得炼铁，他们又是使用什么样的工具加工这个水晶头颅的呢？难道他们早已掌握了我们现在还不晓得的某种技术吗？

水晶头骨公之于世之后，引起了人们的极大兴趣，很多人都慕名而来，观看这颗神奇的头骨。他们有的说看到它就看到了某些关于外星人生活的画面，更有的说它蕴含着神秘的力量，很多有病的人到它面前后都神奇地被治愈了。

很多人猜测这根本不是出自玛雅人之手，而是外星人送给当时玛雅人的礼物。更多的人认为地球人是外星人制造的实验品，而这个水晶头骨就是制造人时所制作的模型。人们的猜测众口不一，究竟它是谁制作的，用来做什么的，是不是外星人留给地球的遗物，至今仍然是一个谜。

四川蒙顶山
"麒麟武士图"

> 四川蒙顶山上出现了一幅巨大的图案：左边是一只麒麟，右边是一个武士，很多人认为这是古代人留下的遗迹，但是更多的则把它归因于地外文明的产物，这是外星人给人类的礼物？

2007年，四川蒙顶山上惊现左麒麟右武士的神秘图案，这件事引发了人们的热烈讨论。

"你知道蒙顶山上左麒麟右武士的神秘图案吗？""国外也有过类似的现象，会不会是外星人留下的脚印呢？"2007年，在一著名地理论坛上，网友们对蒙顶山惊现神秘图案一事展开了热烈讨论，其中还包括不少专家学者的发言，经过四川地质工程勘察院地质专家刘民生证实，原来在位于北纬30°附近的雅安市名山县的蒙顶山上（30°06′），呈现出一幅奇特的巨大图案：

左边是一只麒麟，右边是一个戴着羽毛头冠的武士！中央电视台10套《走近科学》栏目曾到此进行实地考察并做了系列报道。

据了解，只要采用卫星地图软件，就能看见这个图案覆盖了几乎整个蒙顶山的阴面。到底是什么样的"神秘力量"形成山顶上这个特殊的图案？为了解开蒙顶山神秘图案之谜，他在刘民生的带领下，进行了一次奇特图案的寻访之旅，谜底也随着他们的寻访被层层剥开。

"从空中看下去，这幅图案就像是罗马武士的上半身，有手、鼻子、眼睛、帽子，还有一个冠，武士身下还有一个看上去像麒麟的动物。而最引人注目的应该是这些一条条好像是人物卷曲头发的东西和人形的五官。"最早发现神秘图案的是雅安人谢强，供职于北京矿冶研究总院的他（现已调离）无意间在浏览卫星地图软件"google 地图"的时候发现了这个"天大的秘密"。

据谢强介绍：一天他正用卫星地图软件"google 地图"去看看自己的家乡四川雅安。在视线扫过蒙顶山脉的瞬间，山上一些隐约的褶皱吸引了他的注意，再之后，他整个人都被惊呆了。"当把图案拉近的时候，呈现在我面前的是一个很清晰的人的面部图像。当我把图像稍微拖远一点，把整个蒙顶山脉的图案都放出来的时候，发现它不仅仅是一个人像图案，而是一只麒麟和人像的整体构图，而且这个图案覆盖了四十平方公里的范围！"谢强激动地讲述当时的情景。随后，他截取了从不同高度观测图形的截面图，据他发现，在大约九千米至一万米的高度就能够比较清楚地看见人形轮廓，这个高度差不多就是飞机飞行的高度；而如果高度达到两万至三万米，人形轮廓以及"麒麟坐骑"图案细节就十分清晰了。

谢强心里十分疑惑：由蒙顶整座山的阴面构成的这一巨幅图案巧合得让人难以置信。究竟是人工开凿的，还是外星文明的产物？会不会和北纬 30°的一系列谜团有着密切联系？从地质学上又能否找到合理的解释呢？

最初，谢强怀疑是自己产生了幻觉，蒙顶山背面的人脸图像其实并不存在；进一步他又提出可能是卫星地图的某种误差所致等原因。但这些猜测都随着他和央视记者的蒙顶山之行而销声匿迹了，蒙顶山背上的确有一个酷似人脸的图像。

2007 年 2 月 29 日是个阳光明媚的日子，刘民生说，"我们运气真好，因为如果蒙顶山仍是像平常一样云雾缭绕，即使在山顶可以看到图案局部的地方，也不容易看到实景。"

由于蒙顶山的海拔高度、土壤、气候等很适合茶叶的生长，在茶文化浩瀚的历史中，蒙顶山具有独特的地位。神秘图案在茶叶故乡出现，这也曾经让谢强误认为是先人们为了祭祀茶神而人工开凿制造的。

但这个图形面积有几十平方公里，就算人工开凿的话，如此巨大的工程量太不现实，因此图形人工开掘的设想也很快被否定了。

在山顶的盘龙亭，我们见到了一个长年居住在此的老人谢学华。据他介绍，"神奇人脸"的事一传开，当地人给这个奇怪的人脸取了个名字叫作"天仙踪迹"，"多半是外星人留下的脚板印呢！"

既然真实存在，却又不是人工开凿，那会不会是当地人所说的外星文明的产物呢？谢强表示，如此巨幅的图案形成是一个综合的过程，如果排开自然形成和人造工程这两个角度，那唯一可以作解释的那就是非人类意图的因素。他还大胆提出："这有可能是太空船的标志物，外太空的人为了以后返回而有意留下的标记。"但这一切都仅仅只是设想，在现场我们却找不出丝毫关于外星文明产物的佐证。

到了蒙顶山山顶，透过树木缝隙，居高临下，左麒麟右武士的局部图形便在眼皮底下了。据刘民生估测，当时的位置距局部图形的平行距离在四公里左右，"看见那一道道的沟壑了吗？约有二十多条，红色褶皱，像是武士卷曲的头发，再顺着沟壑往下看，不就是一张人脸吗，眼睛、鼻子……"在刘民生的指引下，图形的头发、五官等展现在记者面前，"完整的麒麟武士图，应该要在几十公里的高空才能看清。"

刘民生还从地质学的角度对整个蒙顶山所处的地理位置以及构造进行了分析。雅安在地质上是一个非常特别的地方，它处在中国"y"字形构造的核心部位，西北部、东北部和南部三个方向的三条地质构造带正好在雅安交汇，形成了一个交点。所以这里的地质构造非常复杂，具备了出现这种特殊地貌的基础条件，当然它的形成原因是很复杂的，科学结论必须考察后才能得出。

见到实际的图形后，加上之前的实地考察，刘民生得出了基本结论：雅安被称为"天漏"，是全世界年降雨日最多的地方，而且地质属于容易被雨水冲刷侵蚀的砂泥岩，多年来又有滑坡作用，蒙顶山的"麒麟武士"图案，应该只是地理加上气候因素造成的，是在大自然的"刻画"下慢慢形成的图像。

而形成的像头发褶皱的图案，应该是长年的雨水冲刷形成的冲沟，而它下面的那一条河就是由这些冲沟流下来的雨水汇集而成。在他此前的考察中，发现河中有些不起眼的鹅卵石——这正是刘民生想要的证据："河流里那些鹅卵石呈浑圆状，磨圆得非常好。河流没有一定的冲刷作用，是不能把有棱角的石头冲刷成卵石状的。"

结合当地的岩石构造，"麒麟武士"的"头发"是下雨后水流冲刷形成的可能性非常大。据名山县当地的气象专家介绍，雅安地形非常独特，它背靠青藏高原，前边是四川盆地，印度洋来的大量暖湿气流，进入雅安境内后受到青藏高原的阻挡，被迫爬升，当爬升到约 1500 米高度的时候，暖湿气流内的水气碰撞增大，形成雨滴落下，所以云非常多，雨非常多。而蒙顶山上的雨日更多，一年可达三百多天，在这么巨大的降水量下，形成图像上的众多冲沟自然不成问题。

那么，究竟是何种原因形成了如此奇特的"麒麟武士"图？它是否有着什么特别的寓意？这是外星人的又一力作吗？这样做的真正目的又是什么呢？科考人员带着种种疑问依旧对这幅"麒麟武士图"展开着更加深入的探究……

外星人未解之谜

秘鲁荒原图案是外星人所留的标记吗？

飞机是 1903 年才发明，真正的使用也不过是近一个世纪左右的事情。但是在秘鲁一处古印加人的遗址毕斯柯湾的岩壁上，却发现了一个类似于人类飞机的"三叉戟"图案，而且据考证这个图案已经存在了几万年了。远古甚至更早的人们怎么会想到画这样一幅巨型的图案呢？这是否是外星人曾经在地球留下的又一个物证？

在秘鲁利马南部的毕斯柯湾，有一个人工建造的高二十五米的红色岩壁。岩壁上雕刻着一个巨大的三叉戟或三足烛台形状的图案。三叉戟的每一股约有 4 米宽，而且是用含有像花岗岩一样硬的雪白磷光性石块雕成的。如果不被沙土覆盖，它将发出耀眼的光芒。

古印加人为什么建造这么巨大的石头标记呢？

一些考古学家认为，毕斯柯湾岩壁上的三叉戟是指示船只航行的陆标。但大多数考古学家持反对意见。他们指出，绘制在这个海湾中的这幅三叉戟图案，不能使所有角度上航行的船只都能看到它；况且，远洋航行在遥远的古代，也许根本还没开始。有些航行必须要用航标来指示的话，也应该利用三叉戟的中股延伸线的两座岛屿。不管船只从哪一个方向驶向海湾，从很远的地方就可看到这些岛屿。但如果用三叉戟当航标，从北方或南方来的海员却不能看到它。

另外，在三叉戟坐落的地方，除了一片沙滩之外，没有任何东西可吸引海员。而且，就是在史前时代，那里的水中也是礁石嶙峋，根本就不适于船只停泊。因此，考古学家们认为，这座在古时候光芒耀眼的三叉戟图案，一定是某些会"飞"的人设置的航空标志。

考古学家们推测，如果三叉戟确是航空标志，在它的周围一定还有另外一些东西。果然，20世纪30年代，在距三叉戟图案160公里外的纳斯卡荒原上，考古学家又发现了许多神秘的图案。这些图案绘得特别巨大，只有在飞机上才能看清图案的全貌。这些图案引起了考古学家们的兴趣：它们究竟是什么人留下的，又是用来做什么的呢？图案遍布从巴尔帕的北边至纳斯卡南边的60公里狭长地带，有时平行，有时交错，有时构成巨大的不等边四边形，有时构成一些巨型动物的轮廓，其中有极长的鳄鱼，卷尾的猴子……还有一些地球上从未见过的异禽怪兽。它们都是用明亮的石块镶嵌出来的。

据当地的传说，在过去，一群不知来历的智慧动物，登陆在今天纳斯卡城近郊的一块无人居住的荒原上，并为他们的宇宙飞船在那里开辟了一座临时机场，设置了一些着陆标记。这之后，他们的飞船不断在这里着陆和起飞。这群宇宙来客在完成了他们的使命后，又离开地球回到自己的行星上去了。当时的印加部落，曾亲眼看见了这些宇宙人的工作，并且留下了很深刻的印象。

考古学家们对这个神话般的传说深信不疑，并且推测：如果纳斯卡荒原是登陆点，毕斯柯湾上的三叉戟是登陆指标，那么，在纳斯卡的南边也应有一些指标才对。

果然，在距纳斯卡402公里的玻利维亚英伦道镇的岩石上，人们发现了许多巨大的指标，在智利的安陶法格斯塔省的山区及沙漠中，也陆续找到了一些直角形、箭矢状和扶梯状的图形，甚至可以看到整个山坡上绘着很多雕饰的长方形图案，在同一平面上的整个区域内，峭壁上陈列着光芒四射的圆周和棋盘形状的椭圆形图案。而在距纳斯卡荒原大约805公里的泰拉帕卡尔沙漠的山坡上，有一幅很大的机器人图案。这幅机器人图案约有一百米高。它的形状是长方形的，很像棋盘，纤细的脖子上是一个长方形的头颅，上面有 12 根一样长的天线般东西竖立着。两腿直条条，从臀部到大腿间，有像超音速战斗机那种粗短翅膀般三角鳍连接在身体的两边。

至此，考古学家们推测，这些图案与宇宙来客有关，是一些很值得研究的古代遗址。《圣经》中藏着 UFO 秘密，在研究 UFO 的专家中，有一派人被称作"圣经飞碟学派"。这是一个奇特的学派。这个学派认为，大致在两千五百万年前，生活在另一个星球的一批外星科学家已掌握了生命的奥秘——遗传基因 DNA，他们可以随心所欲地创造生命。在一次激动人心的会议上，他们商讨是否要"按照他们的形象"来创造高等生物。主持会议的是圣经上所说的"天父"。与会的外星科学家多半赞成这项科学实验。但是一批科学家却指出创造高智能生物可能会危及自身安全，所以反对这项实验，这些反对者就是圣经上所称的"恶魔撒旦"。同意创造生命的外星科学家就是上帝。最后经过许久的讨论，两方达成这项实验必须在其他星球上进行。

于是，这批外星科学家乘坐着飞碟找到了地球。当时地球表面覆盖了一层厚厚的雾和水汽，他们当即进行地壳大改造的工作。通过高超的科学技术，把海底的地壳集中，形成大陆。接着他们又在地球上进行生命创造的试验。采用地球上常见的元素，以纯粹的科学方法完成遗传基因，制造出不同种类的生命。

不管你信不信，反正有人这么说。

海底"铁塔"之谜

> 长期以来，有相当一部分人认为"外星人"隐匿在地球的海底，他们只是偶尔才乘飞碟外出旅行，而且有很好的隐蔽设施，所以人类一直没有发现他们。这一说法得到了很多人的拥护，甚至于有人在海底找到了一些相关的物证。这些出现在海底的奇怪物体真的是外星人所留吗？比如下文这个海底的"铁塔"，人们一直没有弄清楚它是为什么而建并又如何被"放"进海底的。

今天，尽管在平静的海底也会遇上某种离奇古怪的事件——美国"爱尔塔宁"号海洋考察船上的研究人员在深海考察时，意外发现一座奇异的海底"铁塔"。

1964 年 8 月 29 日，"爱尔塔宁"号海洋考察船航行到智利的合恩角以西 7400 多公里处抛锚停泊，按照南极考察计划开始考察作业。考察人员计划在这一海区将一部深水摄像机下潜到 4500 米深度，对海底里的状况进行水下拍摄。为此，考察人员把一部特制的水下摄像机安装在一个圆柱形钢制保护壳内，用电缆线将其系在考察船上。

一天的考察结束了！当摄像技术员在暗室中对当天拍摄的胶片进行显影处理时，在一张胶片上意外发现一个什么奇特古怪的东西，它跟其他镜头胶片上拍摄的内容有着天壤之别。该胶片洗成照片后，清晰地显示出一个顶端呈针状的水下"铁塔"，从"铁塔"的中部还延伸出四排芯棒。四排芯棒与垂直的"铁塔"呈精确的 90°夹角，每个芯棒的末端都带有一个白色小球——诸如此类的特征似乎使这个神秘的水下"铁塔"变得很像一部塔式电视发射天线。

　　研究人员借助电脑对这张水下神秘"铁塔"照片进行分析和研究后认为，这座水下"铁塔"是一种智能生物建造的。其实，它看上去，并非固定在海底周围环境的背景中，要知道，水下摄像机能拍下这一神奇的东西简直是天大的幸运，因为，海底如此浩瀚无垠，况且水下摄像机已输入电脑程序，所以它只有间隔固定的时间后才开机拍摄。

海底铁塔

　　1964年12月4日，"爱尔塔宁"号完成了考察使命，终于驶入新西兰的奥克兰港。考察人员登岸后，将这张8×10厘米的海底神秘"铁塔"照片拿给一名采访记者看，一名采访记者问随船海洋生物学家托马斯·霍普金斯："这是什么东西？"霍普金斯回答说："它当然不是海洋植物喽！须知，在四千多米深的海底根本见不到阳光，这意味着那里不可能有光合作用，更不可能有植物存活，有可能是一种奇特的珊瑚类生物，可是，过去我们无论是谁，都从未听说过这类生物。我不想说这座神秘的海底铁塔是人工建造的，倘若这样会产生一个无法解释的问题：人是以何种方式到达如此深的海底？从照片上看，这一海底铁塔无论如何也不像是一种自然形成的东西。"

　　不久，新西兰UFO研究者们把这张照片的复制品寄给从事月球遥探探测器指令研究的美国著名航天工程师埃·霍尼，请他对此做出解释。霍尼工程师凭借他多年的研究经验认为，这个神秘的水下"铁塔"是测量地球地震活动的传感器和信息转发器，但他提出一个最大的质疑：假如这一"铁塔"是我们人类建造的，那么地球上的科学家是何以将这个地震水下传感器安装在四千多米深的洋底的？

霍尼工程师最后得出结论，这一神秘的海底"铁塔"的建造者并非别人，正是来自太空的外星人。他们借助安装在最深洋底的这一地震传感器和转发器能更及时而精确地将这一地震信息传送给他们的外星同胞，与此同时，还将其传送给世界各国的大地测量站。如果霍尼工程师的这一推断正确，便会出现这样一种与事实不符的骗局：当世界各国政府获得外星人的海底传感器传送来的地震信息时，往往会否认其中有外星人参与的事实。我们今天才恍然大悟，为什么美国国务卿霍克拒绝披露它甚为绝密的细节。

我们迄今仍感到不可思议的是，究竟是谁借助什么技术手段将这个水下铁塔安装在这人迹罕至的最深的洋底的呢？

青海托素湖钢管和怪石阵
是外星人所留吗？

一片宁静的湖泊，一片石柱林立的石阵，一个钢管纵横的岩洞——这就是人们在青海市托素湖看到的奇怪现象。人们认为这是外星文明的遗物，引起众多好奇的人们前往观赏……

白公山位于青海省海西蒙古族藏族自治州首府德令哈市西南四十多公里处的怀头他拉乡，它四面被荒漠和沼泽包围，沙梁与戈壁随处可见。在白公山的西南有两个高原湖泊如璀璨的明珠镶嵌其上，一个叫托素湖，一个被称为可鲁克湖。令人不可思议的是托素湖为咸水湖，而可鲁克湖为淡水湖，其间有一条叫巴音河的水流相连，但水质泾渭分明。在托素湖的东北角有一座山，当地人称作白公山。"外星人遗址"和众说纷纭的神秘的铁质管状物就坐落在白公山下的岩洞里。

白公山山脚下依

柴达木盆地

■ 青海托素湖石阵

次分布着三个岩洞，中间的岩洞最大，而其余的两个已经被坍塌的碎石掩埋。记者看到，中间的洞离地面约有两米，洞深约六米，最高处约八米。与通常所见的岩洞不同，它有点儿像人工开凿的洞。洞内上下左右都是纯一色的砂岩，除了沙子之外，没有任何杂质。令人吃惊的是一根直径为四十厘米的大铁管从山顶斜插到洞内，由于多年的锈蚀，现在只能看见半边管壁。另一根相同口径的铁管从底壁通入地下，只露出管口，可以量其大小，却无法知道它的长短。洞口处有十余根铁管子穿入山体，铁管之间距离不等，大约是在一条等高线上延伸。这些铁管子直径在十到四十厘米之间。管壁与岩石完全吻合，不像是先凿好洞后放进管子，而好像是直接把铁管插入坚硬的岩石。

洞口对面约八十米就是波光粼粼的托素湖，就在离洞口四十多米的湖滩上，又有许多的铁管子散见于沙滩裸露的砂岩上。这些铁管顺东西延伸，铁管直径较山下的铁管小，从 2 厘米到 4.5 厘米不等。从残留的铁管形状上看，有直管、曲管、交叉管、纺锤形管等，形状奇特，种类繁多。最细的铁管内径不过一根牙签粗细。虽经岁月的腐蚀、沙子的填充，但铁管内并没有被堵塞。

另一部分铁管则分布在湖水里，有的露出水面，有的藏在咸涩的湖水里。被波浪和时间淘洗着，形状与粗细同滩上的铁管相类似，散布在附近约八百米到一千米的湖里。

更让人惊愕的是湖边的石头：绝大多数石头呈几何形，有正方的，有长方的，有钻了孔的，有打了眼的，似非天然而成，非常相似于某种建筑材料。

托素湖边岩洞、铁管及特殊石头的分布面积约为半平方公里，规模相当可观。

从柴达木盆地目前发现的人类活动的文物资料表明，从未有过铁管之类的现代工业产品。加之柴达木盆地自然条件恶劣，人烟稀少，当地民族从未有过成形的工业开发史。据当地人回忆，除了白公山北草滩偶有流动牧民外，这一地带没有任何居民定居过，所以可以肯定这里不可能是古人或现代人的遗址。

一些专家学者认为这是外星人的遗址。他们的依据是柴达木盆地地势高，空气稀薄，透明度极好，是观测天体宇宙理想的地方。因此外星人如光临地球，托素湖应该是星际交往的首选地点之一。

外星人遗留的物体和信息

217

外星人留在地球的奇怪物证

> 除了神秘的古遗址、图案和符号，外星人还在地球上留下了形形色色的各式物品。本文就对这些物品作了一个罗列和分类，大概有石头、金属片、金属球三大类。

外星人除了给地球直接传送有关信息外，有时还给地球人留下一些物证——金属球、金属环、金属片、特异石头等等。下面就是发生在世界各国的有关案例：

（1）窗台上神奇的石块

1953 年 5 月，在法国发生了一起神奇的事件。一天晚上，一位妇女看见一个奇怪的发光体从天而降，然后又升入天空。第二天早晨，她发现窗台上有一块石头，呈白色，一侧为球状，另一侧有黑白相间的线条。她一接触这块小石头，就感到一股凉意袭身，取石块的那只手一侧的身体顿时就瘫痪了，后来久治不愈。

可能是外星人遗留的金属物体

外
星
人
未
解
之
谜

218

（2）送给工程师的透明卵石

1972年6月，一位意大利无线电工程师在天文望远镜中观察卫星，突然发生停电事故。他走出户外去查看究竟，却遇上三个体高二米多的类人生命体，后者的眼睛发着光。不远处停着一个卵形飞碟，直径为四米，发着柔和的光。一个类人生命体在工程师手里放了块白色半透明卵石，接着，三个彪形大汉一声不吭地登上了飞行物。

英国数学家和天文学家约翰·迪伊也有一块"神奇"的白色卵石，由石英组成，如今陈列在英国一家博物馆内。约翰·迪伊的儿子在一封信中写道，这块石头是一位叫"乌里埃尔"的天使给的。这种说法当然值得怀疑，但迪伊很可能遇见过 UFO 乘员。

（3）使人肿痛的外星黑石头

1972年10月，一位阿根廷人自称从几名 UFO 乘员那里获得一块坚硬的黑色石块，经化验石块既非燧石，又不是钻石。这位阿根廷人当时被一个 UFO 的光击中失去了知觉。他醒来时躺在自家门口，手里拿着那块黑石子。这只手从那以后时常会肿痛。

（4）飞碟留下金属片或金属块

在美国空军某基地，一天夜里降落下一架飞碟，几个小时后，又从飞机跑道上飞走。亮天后，地勤人员在飞机跑道上发现很多金属片，有的金属丝两头还带有小球，不知是干什么用的。类似的飞碟给地球人留下类似合金的金属条和金属球也不乏其例。有些案例中，UFO 乘员给目击者一些金属片。如 1965 年 8 月 19 日，两个矮人在墨西哥一名学生的脚边放了一块金属片，上面有莫名其妙的文字。

1965 年 4 月 24 日，在英国达特穆尔，一个 UFO 在离地面一米的空中飞行。UFO 上面开着一条缝，走下三个类人生命体：两个高大，一个矮小。矮小者走到目击者面前，操蹩脚的英语，给了几块金属片，后来这些碎片被送到了美国埃克塞特天文学会研究。

1965 年 8 月 14 日，一个体高仅 70 厘米的矮人向一位巴西人说："我来自另一个星球。"他还给巴西人

外星人遗留的黑石块

一块奇特的金属，一家铁路公司的化验室分析了这块金属。

（5）会发热的金属球

1973 年哥伦比亚电讯工程师卡斯蒂略在波哥大郊区湖边因相约而等候飞碟，手中拿的就是金属球，当飞碟从湖中冲天而出时，金属球便发热。据称该球是飞碟人事先给卡斯蒂略具有特异功能的妻子的，作为联络物，妻子又将球交给卡斯蒂略。有人认为，这个球可能是个联络用的发送机或信息接收机吧！

蒙古木乃伊被植入外星人器官

1995 年春，由俄罗斯、美国、英国和瑞典的考古学家组成的科学考察队，在对蒙古中部人迹罕至地区进行考察时，从一个大冰块中发掘出一具距今四千年前的木乃伊。考古学家在对其进行解剖分析和全面研究后发现，这个史前死者的许多内脏器官都是人造器官。

令科学家们百思不得其解的是，早在四千年前，人类社会还处在相当原始的发展阶段，当时的人类怎么可能制造出如此复杂的人体移植器官呢？更叫人迷惑不解的是，构成木乃伊体内人造器官的材料是现代科学所无法确知的。在现实面前，科学家们不得不承认，在古人身上所施行的某种手术，甚至一系列手术所采用的外科医疗手法，远远超过我们现代的医学技术。在这具木乃伊身上所施行的高超绝顶的人造器官移植术很可能是在外星人的参与下进行的。

美国科学家借助现代医学检测仪对这一具木乃伊进行全面而详尽的检验和研究后，得出一个毋庸置疑的结论：这是一具外星人的木乃伊。科学家得出这一结论的证据是，这具木乃伊的头部迄今仍残留着长至肩部的火红色头发。在他那粗壮的前臂上还带有几个很像中国文字的神秘符号。

科学家们认为，这具木乃伊生前是一个植入了人造器官的基因人，也就是一种综合了机器人和生物人两者的特点于一身的生物机器人。

外星人未解之谜

美国科学家认为，只要学会制造和移植人造器官，便可使人的寿命延长几百岁。一旦人体原来的器官出了毛病，便可用人造器官取而代之。

参与研究的俄罗斯神经外科专家认为，除木乃伊的许多内脏器官是人造的外，他脑内掌管人的情绪的部分也是人工制成的。事实倘若果真如此，我们便成了古代卓绝医学成就向现代医学发起挑战的时代证人，因为这一医学上的考古新发现，已远超出现代医学移植术水平的极限。要知道，实际上在现代医学知识水平

蒙古木乃伊

的条件下，大脑是唯一不可移植和替代的器官，哪怕是部分替代。

对这一具外星人木乃伊的解剖和研究结果，科学家们提出一系列问题：这个外星生物机器人来自太空吗？科学家们认为，如有这种可能，那么这个外星生物机器人在四千年前来到这渺无人烟的蒙古中部地区干了些什么呢？倘若某个时候外星人真的访问过我们地球，那么他们很可能还会重归。如果早在四千年前，外星人的科学技术就已如此发达，那么，四千年后的今天，他们在这方面的创造性潜能还会有一个不可估量的长足发展。然而，令科学家们倍感焦虑和担忧的是，外星人对地球的频繁来访能否对我们人类构成某种威胁？他们是否打算把我们的生存领地——地球变成他们的宇宙殖民地呢？……

以色列发现五千年前的"外星人"干尸

工程人员在以色列发现一具神秘干尸，但令人更为惊奇的是，据后来人们的研究发现，这具干尸没有鼻孔和嘴巴，只有两个巨大的眼眶，而且有三根脚趾——这样的生命在地球上根本无法存在。所以人们猜测它可能是外星生命。但是它是从哪里来？又如何被遗留在地球上的呢？至今这仍然是个谜。

1996 年 11 月，以色列工程技术人员在内盖夫沙漠建设新一代弹道导弹发射井，进行深层清土作业时，意外发现一具奇异生物木乃伊，它距今已有五千年历史。不过，最初研究人员将完全腐烂的覆盖物清除后，展现在眼前的是一个干瘦矮小的干尸，他们将其误认为是普通的古埃及型木乃伊，研究人员正准备考究该死者大约在五千年前的死因，却突然发现，这具木乃伊非同寻常——他那涂有防腐剂的尸体随着时光流逝干枯成像七八岁儿童大小的玩偶状，研究人员不禁自问：它是如何离开那繁荣昌盛的尼罗河畔，随时代漂游到这如此遥远的地方？

殊不知，科学家们却遇上一个百思不解的亘古之谜。为了不损坏这个具有重要考古价值的古代"遗宝"，研究人员采用放射性检测法和 X 射线断层分析法对其进行全面研究，从而得出惊人的结果：这具木乃伊的手和脚全是三个指（趾）头。然而，仅这一点也并不能使科学家们震惊——因为生物体的三指现象、多指现象及其他类似的畸形现象，均可解释为各种原因，其中包括先天性病理因素或遗传突变发生因素等。可是，这具木乃伊的颅骨却十分奇特：没有嘴和鼻孔一类的器官，更没发现有下颌和牙齿，一双空旷的大眼窝几乎占据了半张脸——令科学家们的震惊之处就在于此，按照我们地球生命生存的条件，这种生物即便来到地球上也无法生存，因为他这样的生理器官既不能吃东西，也不能呼吸。

正值研究人员彻底搞清这具木乃伊是外星生物的关键时刻，此项研究工作立刻被中止，这具木乃伊马上被装上一架专门军用运输机运离此地。

美国保密局立刻封锁了有关这一木乃伊的全部消息。科学家经过艰辛研究，终于搞清这样一个事实：这个奇异生物是外星人，完全是由地球人——埃及法师们将其处理后变成木乃伊的。由此可得出一个结论：这个外星人曾同埃及法师有过直接接触，或许这个外星人来地球探险时着陆未获成功而遇难身亡，尸体落入埃及法师手中。是否发生外星人空难悲剧的事实真相，只有追溯到五千年前才能大白于天下。

毫无例外，在世界其他地区可能还会有类似发现，因此，许多研究人员提出一系列推断和假说：我们脚下的这块土地是最古老的地球文明与外星文明自古就有着密切联系的佐证。这些研究人员已把金字塔同猎户座联系在一起，我们所要寻找的问题的答案是否应在那里呢？是的！应直截了当地向那个遥远的猎户座发出呼唤，可遗憾的是，我

神秘干尸

们地球人类暂且尚未发展到能与如此之遥的宇宙"智慧兄弟"建立联系的程度。不过，谨小慎微的美国军方机关正在全球范围内煞费苦心地搜集UFO及其外星乘员的残骸进行研究，从而把我们的地球文明同

以色列内盖夫沙漠

地外文明之间的距离大大缩短了，为早日揭开外星文明之谜提供了大量佐证。

令人遗憾的是，我们未能搞到这一奇特外星生物的第一手图片资料，所以只能根据目击者的口述较为逼真地描绘出他的轮廓。

人的身材与其星球的引力有关。引力大者身材矮；眼睛的大小与星球的光亮度有关，光亮的星球人类眼睛小，反之，眼睛就大，这和夜猫子眼睛大道理一样。

至于智力的高低，一方面与外星民族存在时间长短有关，另一方面可能与星球环境条件有关，如磁场强度的大小不同和极数不同，大气压力、重力情况、湿度、含氧量或其他条件的不同，决定大自然造化出的人类结构和条件亦不同。

外星人遗留的物体和信息

225

外星人和地球神秘现象有关吗

　　麦田上的神秘怪圈、荒原上的巨型图案、突然的大爆炸、动物的离奇死亡……这些人类所无法解释的神秘现象和外星人有关系吗？是他们在地球的恶作剧还是在向人类透露什么信息？

神秘的麦田怪圈
是外星文明的符号?

麦田怪圈,是出现在巨大麦田上的符号和图案,因为大多以图形为主,故得此名。麦田怪圈是将麦秆或压侧或倾斜与直立的麦秆形成参差层次而出现的图案。这一行为,对麦田本身并没有损害,但是却能形成非常壮观的视觉效果,怪圈从空中看的时候,十分美丽。这些图案的来历一直被人们视为地球最大的谜团之一,有人认为它们是人为的恶作剧,可是当英国、法国等世界各个地方都出现这些神秘图案的时候,人们不再认为它们是来自如此多无聊者的恶作剧了。而且要精确地做出这些复杂图案并不是一般的人力所能完成的。人们最多的看法是:它是外星人的杰作!

所谓"麦田怪圈",就是在长满麦子的麦田一夜之间出现有些麦弯曲而伏倒呈现有规律的圆圈形图案。17 世纪以来,麦田怪圈的起源争论就不绝于耳。

最早的麦田怪圈是 1647 年在英格兰被发现的。当时人们也不知道这是怎么一回事,并在怪圈中做了一副雕刻。这副雕刻是当时人们对麦田怪圈成因的推测,当时的麦田圈是呈逆时针方向的。麦田怪圈常常在春天和夏天出现,遍及全世界,美国、澳大利亚、欧洲、南美、亚洲,无处不在。事实上,世界上唯一没有出现过麦田圈的国家只有两个:中国和南非。

自从 20 世纪 80 年代初期以来,已经有两千多个这种圆圈出现在世界各地的农田里，使科学家和大批自命为农田怪圈专家的人大惑不解。起先这些圆圈几乎只在英国威德郡和汉普郡出现，但近年来，在英国许多地区以及加拿大、日本等十多个国家，也有人发现这种圆圈。

这种圆圈越来越大，也越来越复杂，渐渐演变成为几何图形，被英国某些天体物理学家称之为"外星人给地球人送来的象形字"，例如：1990年5月，英国汉普郡艾斯顿镇的一块麦田上出现了一个直径20米的圆圈，圈中的小麦形成顺时针方向的螺旋图案。在它的周围另有四个直径六米的"卫星"圆圈，但圈中的螺旋形是逆时针方向的。

1991年7月17日，英国一名直升机驾驶员飞越史温顿市附近的巴布里城堡下的麦田时，赫然发现麦田上有个等边三角形，三角形内有个双边大圈，另外每一个角上又各有一个小圈。

1991年7月30日，威德郡洛克列治镇附近一片农田出现了一个怪异的鱼形图案，在接着的一个月内，另有七个类似的图案在该区出现。

可是，最令世人感到震惊的，莫过于1990年7月12日在英国威德郡的一个名叫阿尔顿巴尼斯小村庄发现的农田怪圈了。有一万多人参观了这个农田怪圈，其中包括多名科学家。这个巨大图形长120米，由圆圈和爪状附属图形组成，几名天体物理学家参观后发表了自己的感想。他们认为：这个怪圈绝对不是人为的，很可能是来自天外的信息。

见过UFO照片的科学家认为，小麦倒地的螺旋图案很像是由UFO滚过而形成的。

1991年6月4日，以迈克·卡利和大

麦田怪圈

卫·摩根斯敦为首的六名科学家守候在英国威德郡迪韦塞斯镇附近的摩根山的山顶上的指挥站里，注视着一排电视屏幕，满怀期望地希望能记录到一个从未有人记录到的过程：农田怪圈的形成经过。

他们这个探测队装备了总值达 10 万英镑的高科技夜间观察仪器、录像机以及定向传声器。他们那具装在 21 米长支臂上的"天杆式"电视摄影机，使他们可以有广阔的视野。他们这所以选择侦察这个地区，是因为这一带早已成为其他研究农田怪圈人员的研究对象，仅仅几个月内，这一带就频繁出现了十几个大小不一的农田怪圈，引起了研究人员的浓厚兴趣。

他们等待了二十多天，屏幕上什么不寻常的东西都没有看到，到了 6 月 29 日清晨，一团浓雾降落在研究人员正在监视的那片麦田的正上方。他们虽然看不见雾里有什么，但却继续让摄影机开动。

到了早上 6 点钟，雾开始消散，麦田上赫然出现了两个奇异的圆圈。六位研究人员大为惊愕，立即跑下山来仔细观察，发现在两个圆圈里面的小麦完全被压平了，并且成为完全顺时针方向的旋涡形状。麦秆虽然弯了，但没有折断，圆圈外的小麦则丝毫未受影响。

为了防止有人弄虚作假，探测队已在麦田的边缘藏了几具超敏感的动作探测器。任何东西一经过它们的红外线，都会触动警报器，但是那警报器整夜都没有响过。在麦田泥泞的地上，没有任何脚印或其他能显示曾有人进入麦

▌麦田怪圈

田的迹象。录像带和录音带没有录到任何线索，那两个圆圈似乎来历

不明。

帕特·德尔加多是一位气象学家和地质学家,他从1981年起就开始研究农田怪圈。他相信这些圆圈是"某些目前科学所未能解释的地球能量"所制造的。就像是百慕大三角所屡屡发生的奇事一样。

他曾记录了许多在圆圈里发生的"不可思议事件"。他发现一些本来运作正常的照相机、收音机和其他电子设备在进了圆圈之后就突然失灵。他又曾经在几个圆圈里录到一种奇特的嗡嗡声,他把它形容为"电子麻雀声"。

1989年夏季某天,德尔加多和六位朋友坐在英国温彻斯特市附近的一个镇的一个农田怪圈的中央。"蓦地,我完全身不由己,被某种神秘的力量推着滑行了六米,出了圈外。"他认为这种力量很可能与地球的磁极有关。

自从80年代以来,英国《气象学杂志》编辑,退休物理学教授泰伦斯·米登已审察过一千多个农田怪圈,并就两千多个怪圈编制了统计数字,希望能找到符合科学的解释,现在,他认为也许已找到了答案。

他相信,真正的农田怪圈是由一团旋转和带电的空气造成的。这团空气称为"等离子体涡旋",是由一种轻微的大气扰动——例如吹过小山的风——形成的。"风急速地冲进小山另一边的静止空气,产生了螺旋状移动的气柱",他解释说,"接着,空气和电被吸进这个旋转气流,形成一股小型旋风。当这个涡旋触及地面,它会把农作物压平,使农田上出现螺旋状图案。"

为了支持自己的论点,米登已搜集了许多有关涡旋制造农田怪圈的目击者的报告。例如:1990年5月17日,农场主加利·汤林生和妻子薇雯丽在英国萨里郡汉布顿镇一块麦田上沿着小径慢步。蓦地,一团雾从一座大约一百米高的小山飘来,几秒钟后,他们感到有股强烈的旋风从侧面和上面推他们。后来,旋风似乎分成了两股,而雾则以之字形飘走了,留下了他们两人站在一个三米宽的麦田圆圈里面。

可是，米登论点也许只能解释那些简单的农田怪圈，对那些复杂的又怎样解释呢？旋风是绝对不会吹出钥匙形和心字形的。1991年8月13日英国剑桥郡一块偏僻的麦田出现了一个巨大的心形图案。还有一种论点认为农田怪圈是心灵的产物，1991年8月的某天，一位工程师和他的有着第六感觉的妻子从牛津城出发沿着A34公路驱车回家时，他的妻子说："我真希望我们能亲自发现一个农田怪圈。"话刚离口，他们便在路旁附近田间发现了一个哑铃状的农田圆圈。可是，至今还没有找到第二个例子。有关这种现象的书籍，目前已出版了将近二十种，此外热衷于农田怪圈的人还可以买到介绍这些图形的录像带、彩色照片、明信片和钥匙扣等。一些头脑灵活的旅行社更开办一些"农田怪圈参观团"，向游客们招手。

可是从科学角度上讲，农田怪圈现象至今尚未得到圆满的解释，与UFO一样这或许是科学家们面临的不得不攻克的一道难题吧！

作为一名航天航空学的专家，哈尔滨航天航空学院的陈功富教授，长期以来一直执着于对"麦田怪圈"现象的研究。陈教授告诉记者，"麦田圈"在科学界被称为"迪安圈"。这个名字的由来，主要因为20世纪70年代在英国首先研究"麦田圈"的人是迪加多和安德鲁斯。"麦田圈"一般在每年的4至8月份出现在麦田等农作物的种植地里，并且，被"雕塑"出来的图形越来越复杂。自1970年以来，在世界各个国家已被发现的"麦田圈"图形总共有两千多幅。

陈功富研究发现："麦田圈"具有许多奇异的特性。例如：倒伏的麦子不折断，可以继续生长，秋收后，倒伏的麦子比正常生长的麦子增产40%左右。圈内可使动物尸体不腐烂，不招苍蝇等。有的鸟将鸟巢筑在"麦田圈"中，巢中的卵很快会孵化。

"麦田圈"的形状也不像早期人类发现的只有简单的圆圈组合，而呈现出越来越复杂的多样性组合。如：多种几何形状、对称和非对称形、旋涡倒形、圆锥状、方格阵列等形状。

有的在直径十几米大的圆圈中心只有两三根麦子站立，其精度之

231

高堪称一绝。

　　很多研究者认为"麦田圈"与飞碟和外星文明有关。陈功富则是这种答案的坚决拥护者，他说，从"麦田圈"图案的面积、规则和复杂程度来说，绝对不会是龙卷风刮过后留下的痕迹，也不会是成群动物的蹄印造成的。最有可能的就是某种智慧生物的杰作。通过多年的研究，他认为：众多"麦田圈"图案中，只有1‰的图案可能是人类所为，其余99‰的图案都应该是外星智慧生物造访地球时留下的证明。

　　陈功富说，正是因为"麦田圈"的神秘，才引起了他对外星文明和UFO的浓厚兴趣。早在二十多年前，他在哈尔滨工业大学教计算机网络通讯时，工作之余就喜欢看《飞碟探索》这类杂志，当时，这只是他的一个兴趣。直到1994年有人报告黑龙江省凤凰山上出现飞碟后，他才正式开始对外星文明进行研究。

　　此后，研究外星文明和破译"麦田圈"占据了他所有空余时间。经过研究，陈功富发现一直被很多人认为和外星文明有着千丝万缕联

外星人未解之谜

麦田怪圈

系的"麦田圈"，似乎在向我们人类预示着某种灾难的降临。

　　陈功富说："研究过程中我注意到世界各地发现的'麦田圈'当中有一些好像在向我们人类预示着什么。首先是，我在翻看1994年的所有'麦田圈'图案时发现，其中两幅有'蜘蛛状'和'蚂蚁状'的图案。而在1995年，我意外得知非洲和中国的山东等地都出现了严重的蝗灾。"

　　"接着，我又发现，2002年的一幅'麦田圈'图形竟然和艾滋病毒在显微镜下的图形一模一样，而另一幅图形更与'非典'的冠状病毒显微图一模一样。我忽然想到，难道这些图案是外星人发给我们的灾难预警？如果这真是外星人对人类的提示，我们及时地破译这些'麦田圈'，那将给人类造福。"

　　通过查阅资料陈功富得知，有这样想法的人不止他自己。在欧美有很多专家都在研究"麦田圈"，并且也认为"麦田圈"很可能是外星人与地球人的一种沟通方式。他们将这种沟通方式称为"星际通信"。陈功富讲了这样一件事：1974年11月16日，美国康奈尔大学设在波多黎各火山口上的阿雷西博天文台，在庆祝地球上最大的射电望远镜镜盘换面典礼上，以波长12.6厘米的调频电波，向银河系内M13（武仙座球状星团）发送了人类特意给外星人的第一封"电报"。这封"电报"用图形描述了构成地球生命的五大基本元素，地球人DNA的结构，地球人的形象、高度，地球上人口总数、太阳系的概貌和地球在太阳系中的位置等信息。

　　陈功富说，之所以将M13选择作为发送的目标是因为，该星团有三十万颗恒星，而所发射的电磁波束，能将它们完全覆盖，大大提高这一信息被接收到的可能性。这次发射的"电报"采用的是便于理解的"图像语言"。它用1679个二进制信息数码来组成，并反复连续播发了三分钟左右。如果外星文明真能收到这一"电报"，只要依照顺序从右到左，从上到下，把这1679个二进制信号排成73列23行，并用白色方块替代信号"0"，用黑色方块替代信号"1"，就可以获得这一电信号的图像语言，进而了解到"电报"所表达的含义。

在这封"电报"发出数年后，在英国的一处麦田中出现了一个和"电报"中图像几乎一模一样的图案。只是将代表太阳系的恒星和行星体都改为了圆形（人类向太空发射的图案是方形）。此后，在同一地点的麦田里又出现了一个类似的图案。可

神秘的宇宙

是，这次的图案内容和上一次有所不同，一些研究人员经过破译（猜译）认为，这是外星文明生物在向我们传达他们的信息，其中包括了我们向 M13 发送信息的所有对应信息。陈功富说，这很有可能是外星文明给我们发来的"回电"。

陈功富说，虽然这些工作已进行多年，但截至目前，还没真正发现外星人的实体跟踪，而投入的人力和物力都是十分惊人的。对"麦田圈"进行研究，则是人类了解宇宙的一种新方法。经过研究很多专家都发现，"麦田圈"中，有的寄意了宇宙宏结构；有的表意高科技创意；有的预示演变信息；有的揭示宏观宇宙和微观宇宙机理玄机……因此，研究和破译这些极可能是外星人送给我们的暗示图符，则是更为有意义和切合时代实际的举动。反之，将是舍近求远，舍本求末。陈功富坚持认为，研究"麦田圈"是了解和解秘外星文明世界的最新、最有效、最省资金的切实可行的方法，其意义不可低估。

著名的"通古斯大爆炸"
是外星人所为?

俄罗斯通古斯大爆炸,今天提起仍然令人胆战心惊,它散发了相当于数千枚原子弹的巨大能量,烧毁了数百平方公里的森林,震碎了无数居民的玻璃窗……但是这起突然发生的大爆炸的原因至今都还是一个未解之谜。有科学家认为这起爆炸是一艘不知名的外星飞船投掷的炸弹所导致的。

1908年6月30日,一束巨大的闪光照亮了西伯利亚克拉斯诺亚尔斯克边疆区(属于俄罗斯)石泉通古斯卡河盆地的天空,随后发生了相当于数千枚原子弹的剧烈爆炸,爆炸发生后,该地区上空一片火光。大火烧毁了周边地区的数百平方公里森林。爆炸发生时,当地的居民一开始以为是发生了大地震,纷纷逃到空旷地带,动物们也四处逃窜。爆炸引起的冲击波摧毁了无数民居的玻璃窗。这就是震惊世界的"通古斯大爆炸"。它也是20世纪最大的科学难解之谜之一。

由于没有发现陨星残骸,科学家于是得出结论:一颗彗星的核心或一颗小行星发生爆炸。

而拉夫宾和他的科学家小组的最新发现却推翻了这一结论,他们在石泉通古斯卡河流域的两个村庄之间发现了两块奇怪的黑色石头。这两块石头是边长为1.5米的规则立方体。拉夫宾说这两块石头明显

"不是自然物质"，而且这两块石头曾经着火，"它们的原料是制造太空火箭的合金，而在 20 世纪初，只有飞机使用这种原料。"拉夫宾说。他宣布，这两块石头可能是天外飞行器的残留物，他同时表示，还要对石头做进一步的分析。

拉夫宾和他的小组还在被毁森林中间的峭壁上发现了一块跟农民的小棚屋一般大小的白色巨石，"它由水晶物质构成，而水晶物质并不是这一地区的典型物质。"拉夫宾说。他暗示，这可能是彗星核心的组成部分。

俄罗斯科学家的这一新推论并没有得到科学界的支持。俄罗斯科学院陨星委员会的安娜·斯克里普尼克对拉夫宾的研究结果提出质疑，她说："在西伯利亚，石油地质学家经常发现各种各样的不同飞行器。"

尽管如此，拉夫宾还是在努力寻找新的"论据"，他正在制作这一地区的卫星照片：狭长的湿地和湖泊是不明飞行物留下的"脚印"，而彗星的"脚印"则是被毁的森林、树木、岩石。

多年来，有关通古斯大爆炸的原因说法不一，从 1927 年开始寻找陨石碎片以来，人们不断提出各种假说，试图揭示通古斯大爆炸的原因。苏联科学家、第一位亲临通古斯现场的莱奥尼德·库立克认为，1908 年通古斯大爆炸是由于一颗流星落到了地面。1945 年 8 月，第二次世界大战后期，美国在日本广岛投下了震惊世界的第一颗原子弹。这颗在距离地面一千八百英尺上空爆炸的原子弹，给广岛人民带来了巨大的灾难。然而，广岛原子弹的破坏景象却意外地给研究"通古斯大爆炸"的科学家们以新的启示。那雷鸣般的爆炸声、冲天的火柱、蘑菇状的烟云，还有剧烈的地震、强大的冲击波和光辐射，这一系列的现象与通古斯大爆炸简直相似到了惟妙惟肖的地步。于是，苏联的军事工程专家卡萨茨夫第一次大胆地提出了 1908 年通古斯大爆炸是一场热核爆炸的新见解。

1946 年，卡萨茨夫不仅肯定了通古斯爆炸是一场核爆炸，更惊人的是，不久他还第一次提出了这样一个大胆的推测：通古斯爆炸的神秘怪物是第一艘访问我们地球的太空飞船。在当时，对于这种推测不要说其他人，就是卡萨茨夫本人也不得不承认这纯属科学幻想。20世纪50年代末，科学家对收集到的通古斯爆炸区的泥土进行高度放大，结果发现有球状的硅酸化合物和磁铁矿。它们的大小仅有几个毫米左右，其中有些磁铁矿颗粒粘成一串，有些甚至钻进了透明的硅酸盐颗粒里去。而这些颗粒只有在极高温度下才会黏结起来。这种材料无疑是制造宇宙飞船外壳最理想的防爆材料。不久，人们又在通古斯地区的地下和树上，发现了成千上万颗亮晶晶的小球，这些小球像子弹一样深深地嵌在里面。经过分析，在这些小球中发现了钴、镍、铜和锗等金属。这似乎说明，铜是从那艘太空飞船的仪器导线中来的，而锗可能是来自仪器中半导体器件。此外，从这个圆柱形怪物的飞行速度来看，它似乎有一种有效的制动系统使自己的速度很快慢下来。因为它的速度似乎跟目前人类制造的超音速高空侦察机的速度相仿，远小于地外物体（如反物质、黑洞等）落入地球的速度。

如果把数十年来研究通古斯大爆炸的资料一一串联起来，那么，对于外太空文明世界曾向我们地球发射过一艘太空飞船的推测是合情合理的。有人推测：这艘飞船以接近光速的速度飞抵地球。在将要进入地球轨道时，飞船的推进舱发生了故障，但是飞船依然继续前进。到了7月30日清晨进入到印度洋上空。飞船进入地球大气层后，速度进一步减慢，时速只有两千英里左右，这时防爆的飞船外壳由于与大气剧烈摩擦，温度迅速上升到华氏5000度，船壳由于电离子，使整个飞船看上去像一团火球。最后，太空飞船在西伯利亚中部的通古斯上空，终于因核燃料舱的最后一道防护壁被融化而爆炸，发出了震天的巨响，一场热核爆炸使这艘太空飞船顷刻化成了灰烬。

当然，卡萨茨夫对于通古斯爆炸的见解也仅是一种假设。不过，在大多数人不再怀疑存在超级球外文明的今天，这种假设却是最令人信服的。

1998年，尤里·拉夫宾就宣称在通古斯地区发现了两枚源于地外的螺栓，在当时克拉斯诺亚尔斯克市举行的"通古斯问题九十年"会议上，拉夫宾称，这两枚金属螺栓的其中一枚被钉在了通古斯地区地下1.5米深的岩石中，两枚金属螺栓都没有任何机械加工的迹象，而且科学家也无法分析鉴定其金属成分。正是这一发现让拉夫宾提出了这样的设想：一艘外星飞船可能与一颗巨型陨石在地球上空发生了撞击。

西伯利亚"通古斯太空现象"基金会主席当时也宣称，1908年的"通古斯大爆炸"很可能有外星人的参与，这些外星人通过轰炸飞向地球的宇宙物体，使地球免去了一场后果不堪设想的灾难。

石泉通古斯卡河盆地

纳斯卡荒原巨画
是外星文明的产物吗?

> 秘鲁是古文明遗址的集中地,在这里的纳斯卡荒原上出现一种年代久远但又来历不明的巨型图案,这些图案有几何图形,也有动物、植物的形状,每个图案都有几百平方米之巨。关于这些图案,人们认为不可能是人力而为,应该是来自于外星文明。这种说法正确吗?

纳斯卡位于秘鲁伊卡省的东南部。它本是一个名不见经传的小镇,但是到 20 世纪中叶这儿却热闹起来。因为在这里发掘出大批古墓,而里面的许多彩陶和纺织等殉葬品,引起了国内外历史学家和考古学家的注意。然而,更有意义的是有一次,考古学家乘坐飞机在“塞罗斯”草原上空,突然发现地面有许多巨大的图案,即被人们称为“纳斯卡荒原巨画”。

整个谷地布满了由宽窄不一的“沟”组成的三角形、长方形、平行四边形、菱形和螺旋形等几何图形。它们又分别组成蜥蜴、蜘蛛、鳟鱼、长爪狗、老鹰、海鸥、孔雀以及仙人掌等动植物的轮廓图。每个图案竟有几百平方米之大。而最大的一个占地五平方公里。例如,一只大鹏展开的翅膀就有五十米之长,而鸟身子长度达三百米。这些图案不仅层次分明,而且间隔适度,有些相同的图案简直像一个模子里印出来的,其精确度令人吃惊。

当旭日东升之时,登上纳斯卡山巅,一幅美丽奇异的图画便呈现在你面前。但当太阳升高之后,这些巨画便杳然消失。由此可见,古代印加的艺术家还利用了光学原理对巨画的布局设计做出了精确的计算，使之具有如此神秘之魅力。也正因如此，纳斯卡谷地的巨画被称为"世界第八奇迹"。

秘鲁荒原图

纳斯卡巨画的来历和用途是一个难解之谜。自1926年人们发现了这些图案后，众说纷纭，对这些图案想表示的意图，至今仍是个不解之谜。艾尔弗雷德·克鲁伯和米吉亚·艾克斯比，这两个最早注意到这些图案的人以为，这些是灌溉用的水渠。后来，艾克斯比认为这些小径与印加帝国的"神圣之路"相似，那些圆锥形石堆是"聚焦"（即这些线条的聚合相交点），也可能是举行礼仪活动的场所。

保尔·考苏克在1941年到达该地时，在夏至那一天，他碰巧观察到太阳恰好就是从这些红条中某一条的末端的上空落下去的。对这一奇妙的现象，他认为，这里是世界最大的天文书。

德国学者玛丽亚·莱因切在经过三十余年潜心研究之后，提出相同的理论。她解释道，这些直线与螺线代表星球的运动，而那些动物图形则代表星座。

在所有的理论中，最出名的要数埃里克·冯丹尼肯在他那本《上帝的战车》一书中所做的解释：这些是为外星人来参观而留下的入口处标记。另一种同样异想天开的妙说是，古代时，这里的人乘坐在热气球上留下这样的残迹。这一猜度的依据是，这些图案在空中才看得清楚，还称图案中有许多看上去很可能是当时为使气球飞离地面时那些燃烧物留下的痕迹。

外星人未解之谜